本书为国家自然科学基金青年基金项目
"弹性视角下洞庭湖区乡村人居环境质量变化驱动机制及优化调控研究"
（编号：42101214）研究成果

弹性视角下
中国典型城市人居环境发展优化研究

汤礼莎　著

湖南师范大学出版社
·长沙·

图书在版编目(CIP)数据

弹性视角下中国典型城市人居环境发展优化研究 / 汤礼莎著. —长沙：湖南师范大学出版社,2021.1

ISBN 978 - 7 - 5648 - 4131 - 7

Ⅰ.①弹… Ⅱ.①汤… Ⅲ.①城市环境—居住环境—研究—中国 Ⅳ.①X21

中国版本图书馆 CIP 数据核字(2021)第 029123 号

弹性视角下中国典型城市人居环境发展优化研究

Tanxing Shijiaoxia Zhongguo Dianxing Chengshi Renju Huanjing Fazhan Youhua Yanjiu

汤礼莎 著

◇责任编辑:赵婧男
◇责任校对:谢晓宇
◇出版发行:湖南师范大学出版社
　　　　　　地址/长沙市岳麓山　邮编/410081
　　　　　　电话/0731 - 88873071　88873070　传真/0731-88872636
◇经销:湖南省新华书店
◇印刷:湖南雅嘉彩色印刷有限公司
◇开本:710 mm × 1000 mm　1/16 开
◇印张:12.5
◇字数:240 千字
◇版次:2021 年 1 月第 1 版
◇印次:2022 年 7 月第 2 次印刷
◇书号:ISBN 978 - 7 - 5648 - 4131 - 7
◇定价:48.00 元

前言

　　城市人居环境系统是一个十分复杂的系统,它涉及居住、经济、社会、自然环境和公共基础设施等多方面,是社会经济健康、稳定、可持续发展的基础。随着城镇化建设的不断推进和全球气候变暖等趋势持续,人居环境面临越来越多的问题。2020 年初全球爆发了新型冠状病毒肺炎疫情,至今仍在全球肆虐;2019 年澳大利亚的森林火灾,导致2000 余栋民居烧毁,4.8 亿只动物葬身火海;2018 年美国迈克尔飓风,给美国东南大片地区造成巨大破坏,110 万户居民和商户断电;2012 年委内瑞拉经历历史上最严重的经济危机,通货膨胀严重,社会治安动荡。面对气候变化、自然灾害、经济波动等外界干扰对人类居住环境的一次次巨大冲击,人们对自身应对能力和恢复能力开始关注和重视。

　　联合国可持续发展目标 (Sustainable Development Goals, 简称 SDGs) 明确提到要在 2015 年至 2030 年间以综合方式彻底解决社会、经济和环境三个维度的问题,转向可持续发展道路,并提出了 17 项目标,包括消除贫困、消除饥饿,为各年龄阶段的人群带来良好的健康和福祉,提供包容、公平的优质教育,实现性别平等,清洁饮水和卫生设施的可持续管理,确保人人获得可负担、可靠和可持续的现代能源,确保人人有体面的工作,确保可持续消费和生产模式,采取紧急行动应对气候变化及其影响,建设有风险抵御能力的基础设施、促进包容的可持续工业,建设一个包容、安全、有风险抵御能力和可持续的人类住区等。这些目标无不与人居环境的建设息息相关。

城市作为人类住区的主要形式之一,居住人口数量多,居住环境要求高,各种复杂因素并存,这就更加要求其在生产资本、人力资本等方面提升应急响应和抵御能力,注重自身弹性能力的建设。弹性城市建设是一项跨学科、综合性较强的研究领域,涉及地理学、生态学、城市规划学、环境科学等多门学科。而城市作为城市化发展过程中的主要单元,社会变化明显、经济增长迅速,具有较显著的过渡性和动态性。人居环境科学的发展经历了一个漫长的积累和探索过程,呈现出多样化、多变化等特征。我国的人居环境发展已进入了一个新的转型阶段,但仍然存在较大的问题。在快速城镇化进程中,大部分城市普遍缺乏适应外界环境变化和自身抵御的弹性能力,城市盲目扩张、人口的无序流动等现象加剧了城市发展的不稳定性和脆弱性,部分中小城市人力和智力资本流失,大大降低了城市抵御风险灾害的能力。传统的人居环境研究理论和方法已不能完全满足人们的实际需求,弹性城市作为新兴热点问题,可在一定程度上改善和提升传统人居环境的现状。因此,弹性城市的建设既能在一定程度上减少或降低外界的冲击,还能提升城市本身的适应和恢复能力。从弹性的角度对城市人居环境进行研究,切合了国家政策的需要,可为城市在受到外界扰动冲击背景下全面改善城市人居环境提供决策支撑,弹性城市的建设也将广泛影响并应用到人居环境建设中。

　　在这样的大背景下,本书结合两者,从弹性城市的视角来研究人居环境,既丰富了人居环境的研究理论,也为我国学者研究人居环境打开了更广阔的思路。这无疑将会为今后城市人居环境的质量改善和提升提供一定的借鉴和参考价值。

　　本书着眼于全国35个主要城市的人居环境现状,从数理和空间两个方面对35个城市的人居环境影响因素和未来发展趋势进行研究,该35个城市既包括东部沿海地区经济发达的直辖市,也包括西部地区经济较落后的省会城市,以此更能凸显人居环境存在的多样化和多变化的特点。但由于我国区域面积广阔,不同城市间无论自然条件还是经济社会条件都存在较大差异,这种差异也会表现在城市的可持续发展中,尤其是与人们生活息息相关的人居环境。因此,了解城市人居环境的共性和差异性有助于我们从宏观和微观尺度把握我国人居环境的发展特征,促进我国城市人居环境的健康发展,深化和丰富对城市人居环境发展方面的研究。为了强调本书的观念在过去研究中的沉淀以及现在的实践应用,本书主要摘引了国内外相关学者的书籍和论文,既能够较好地代表目前弹性城市建设和人居环境发展的相关性,也能够在一定程度上体现本书的研究领域与其他学科的紧密联系,而且在讨论中,也会发现许多与城市建设和人居环境建设等有关的研究观点。

　　本书共分为八章,每章都聚焦于地理学者对于弹性城市建设和人居环境研究的某些概念和目标。章节之间联系紧密,用以表明研究内容所强调的本质。第一章为绪论,介绍了本书研究的背景、意义,国内外有关弹性城市人居环境的研究动态和未来的趋势。第二章奠定理论基础,围绕弹性城市和人居环境的理论展开研究,挖掘其内部影响因素和主要研究框架,同时阐明未来弹性城市人居环境的主要研究重点。第三章为弹性城市人居环境的评价指标体系建构,选取中国典型城市作为研究对象,分析其目前的弹性城市人居环境发展现状,提出建构依据,建立评标体系,与前面两章共同构成了后续各章的理论和数据基础。第四章主要分析城市建设与人居环境交互耦合的关系,构建耦合度模型并划分其类型,分析城市和人居环境两个系统的耦合元素之间的关系。第五章基于弹性城市理论对中国典型城市的人居环境质量和空间分异特征进行分析,发现各个典型城市人居环境之间的差异性问题。第六章选择长沙市作为实证研究对象,对该市的人居环境进行实证分析,并进行仿真模拟预测。第七章为结论章节,通过前文理论和实践的研究,结合中国典型城市和案例城市两个层面的分析,提出弹性城市人居环境优化路径与措施。第八章在结论的基础上对弹性城市的人居环境建设进行展望。

　　本书内容是本人博士期间的重要成果,研究期间查阅了大量国内外文献资料,由于弹性城市理论和实践研究在我国开始的时间较短,本人针对目前一些难以理解之处,经过了反复的查证和修改。数据方面,由于在大数据时代,数据信息日新月异,虽多次更新,但仍需继续跟进。也希望能通过本书的研究,吸引更多的读者和对此感兴趣的专家学者们共同沟通交流,使得本书的研究内容能够真正为社会所用,促进我国弹性城市的建设和人居环境质量的提升。

目录

1 绪论

1.1 研究背景

　　宜居宜业的人居环境是人类共同的心愿,也是社会经济可持续发展的基础条件。如何使每个人都拥有舒适、安全、整洁的人居环境是一个需要人类共同努力的目标,它涉及居住条件、经济、社会、自然环境和公共基础设施等方方面面,而不仅仅局限于生存。以中国目前的经济和城镇化发展速度和规模来看,人居环境可以分为人居硬环境和人居软环境两大部分。其中,人居硬环境是指服务于城市居民日常所需和行为活动的各种物质设施的总和,包括基础设施、通讯设施等;人居软环境指的是硬环境的使用过程中形成的一切非物质的总和,包括生活便捷程度、归属感等。由于中国现在正处于经济的高速发展时期,人们不断追求经济带来的发展机遇,而往往缺少对自然环境基底的足够认识,这也导致了与人居环境相关的问题日益凸显,如城市环境污染、生态破坏、交通拥挤等。

1.1.1　人们对美好生活的向往对人居环境提出了新的要求

　　社会的主要矛盾已经变成了人民日益增长的美好生活需要和不平衡不充分的发展之间的矛盾。人们的物质文化需求已经得到了初步的满足,吃得饱、穿得暖、住得舒服。已不再是像以前那样,现在人们对于人居环境的需求是多角度、多方面、多层次的。除此之外,创造更加公平公正的生存空间,使人人都能获得发展的机会,不断提升城市居民的安全感、幸福感、获得感和满足感,为市民带来更加便捷、健康的生活,建设"弹性、和谐、宜居"的人居环境,以此不断回应人们对美好生活的向往和对人居环境提出的新要求。

1.1.2 城市化进程直接影响了人居环境的发展

城市化作为城市和人类社会进步的产物,是一个国家走向现代化的必经之路,已成为各个国家发展的标志,也是直接影响人居环境的重要因素之一。目前,中国正经历世界上最大规模的城镇化建设,根据城市化发展 S 型曲线规律,当城市化水平超过 30% 时,城市化进程出现加快趋势。我国的城市化水平正处于加速发展阶段,城市问题频现,并带来各种经济、社会、生态等问题,特别是城市的不断扩张和蔓延、基础设施超负荷运转、产业结构不协调等,导致城市在面临自然灾害和极端事件时,会出现极大的脆弱性。

1.1.3 经济发展与人居环境的关系不再单一

在全民追求经济发展的阶段,人居环境固然与经济发展是密切相关的,经济的发展能为人居环境提供基础的物质保障。但如果盲目追求经济的发展,而忽视所带来的各种城市问题,如自然环境的污染日益加重、交通拥挤、居民只谈物质而忽视对社会的责任等,不仅不能促进人居环境的发展,反而会制约人居环境的健康可持续发展。因此经济的发展不能太超前,也不能太落后,是否与环境、社会的发展相适应,是值得每一个人思考的问题。

1.1.4 弹性城市理念为城市人居环境研究提供了新的方向

当城市面临各种自然灾害和极端事件时,如何保持弹性的适应力,通过健康的城市基础设施运行来满足城市居民基本的安全、生活等需求,是人居环境发展面临的新的挑战。一方面城市化推动了社会经济的增长,另一方面,由于城市化过程中的高消耗、高排放、资源利用效益低等原因,使得资源环境付出了极大的代价,对人居环境造成了诸多恶劣的影响。如何使城市化走可持续发展的道路,使得人们能够宜居宜业,创造良好的人居环境,是目前我国城市研究中的热点问题,也是一个永久的话题,而弹性城市理念为解决城市人居环境发展问题提供了新的方向。

在以上背景下,本书分析了城市建设和人居环境发展之间的耦合关系,选择了全国 35 个典型城市作为研究对象,通过人居环境指数、城市聚类、空间差异分析等分析了人居环境的现状、趋势等问题,并选择长沙市进行实证分析。长沙市作为湖南省的省会,同时也是长株潭城市群"两型社会"建设改革试验区的重要组成部分,在过去数十年的工业化和城市化发展进程中,与全国各地快速城市化一样,长沙市多方面发展势头强劲,但人居环境存在的诸多问题,成为社会普遍关注的焦点。因此,设计合理的路径和模式,改善城市的人居环境质量,准确评估城市化和人居环境之间的协调性,通过对城市人居环境的仿真模拟,实现城市人居环境健康、弹性的发展目标,就显得十分迫切和必要。

1.2 研究意义

弹性城市建设是一项跨学科、综合性较强的研究领域，涉及地理学、生态学、城市规划学、环境科学等多门学科。而城市作为城市化发展过程中的主要单元，社会变化明显、经济增长迅速，使得其具有较明显的过渡性和动态性，人居环境也呈现出多样化、多变化等特征。

1.2.1 有利于完善和深化弹性城市人居环境的理论体系和方法

随着人们对人居环境的不断关注，传统的人居环境研究理论和方法已不能完全满足人们的实际需求。人居环境一直是人们关注的焦点，而弹性城市是近年来的新兴热点问题。本书结合两者，从弹性城市的视角来研究人居环境，既丰富了人居环境的研究理论，也为我国学者研究人居环境打开了更广阔的思路。同时本书提出了弹性城市人居环境指数测算，这个测算从一定程度上深化了城市人居环境研究，为今后城市人居环境质量的定量分析提供了借鉴。

1.2.2 有助于在快速城镇化进程中把握我国典型城市人居环境的 发展特征和空间差异情况

我国目前正处于快速城镇化的进程中,资源、能源的大量消耗及垃圾、污染物的无序排放是这种粗放式发展模式的表征。除了对城市社会经济发展与区域人居环境耦合关系的研究之外,本书还着眼于全国 35 个主要城市的人居环境现状分析,从数理和空间两个方面对 35 个城市的人居环境影响因素和未来发展趋势进行研究。该 35 个城市既包括东部沿海地区经济发达的直辖市,也包括西部地区经济较落后的省会城市,以此更能凸显人居环境存在的多样化和多变化的特点。但由于我国区域面积广阔,不同城市间无论自然条件还是经济社会条件都存在较大差异,这种差异也会表现在城市的可持续发展中,尤其是与人们生活息息相关的人居环境。因此,了解城市人居环境的共性和差异性有助于我们从宏观和微观尺度把握我国人居环境的发展特征,促进我国城市人居环境的健康发展,深化和丰富对城市人居环境发展方面的研究。

1.2.3 有助于探索我国弹性城市建设的调控政策并为人居环境的 发展提供科学依据

近年来城市和区域发展中出现了资源能源短缺、生态环境破坏、人类生存质量下降、经济增长质量不高等诸多问题,人类作为城市发展的基本单元,所处的环境质量高低直接关系到社会各个方面的良性发展。因此,客观的认识人居环境的机制和内涵,探索人居环境的优化路径,是城市可持续发展的核心问题。在当今城市多元化快速发展而生态环境越来越脆弱的阶段,城市如何在各种各样的挑战和危机中,应对各种变化和冲击,保持自身活力,就成为一个亟待解决的问题。本书将弹性城市的建设作为区域人居环境发展的目标,既强调了城市和区域应对各种外来压力和冲击时的缓冲保护能力,也强调了增强城市和区域的学习能力,为今后我国建设弹性城市人居环境提供了一定的科学依据。

1.2.4　对长沙市弹性城市人居环境优化具有一定的实践意义

长沙市是长株潭"两型社会"建设试验区的重要组成部分,成为了生态环境建设的前沿阵地和核心示范区。城市流动人口较多、密度较大,人居环境同时受到传统乡村和快速城市化的双重挤压和影响,形成社区分异和人居环境比较特殊的现状。本书以长沙为实证研究,对城市化过程中人居环境各方面的因素和现状进行分析,以此了解在弹性城市建设背景下人居环境的发展状况,深度剖析弹性城市建设对人居环境的影响。同时,运用系统动力学的方法对未来人居环境的发展进行仿真模拟,选择最优发展模式。其研究结果既有助于了解城市化进程与人居环境之间的变化关系,又能从弹性城市建设角度深入理解人居环境的特征,丰富城市建设和人居环境的理论和实践,为人居环境弹性化发展提供参考依据,具有一定的理论价值和实践意义。

1.3　国内外研究动态和趋势

人居环境（Human Settlements）一般指人类从事组织活动的地域,突出以人为基本单元和主体。而城市作为经济活动、就业和创新的中心,既是人类重要的栖息地,也是人类发展的重要区域。特别是随着社会经济的快速发展,城市化进程的不断加快,城市面临着越来越多的问题,国外城市的政府机构、政治家、投资者、私营机构和科学家等已经开始共同支持和培育更多的弹性城市以应对各类自然和非自然的风险和挑战。人居环境作为城市建设的重要组成部分,自然也成为了人们关注的焦点。如何在城市快速发展的同时使城市保持弹性,并运用到人居环境优化当中,是未来国内外学者、科学家研究的新方向和目标。目前国内外学者已经对弹性城市和人居环境做了大量的研究,本书的研究综述主要对弹性城市建设和人居环境的理论实践进行述评。

1.3.1　国外研究动态和趋势

（1）弹性城市的概念综述

弹性（Resilience）的概念最早由美国学者 Holling 提出,主要在生态学领域中（Holling,1973）,直到最近十年才逐渐在社会经济领域得到应用。生态学家和经济学家提出应当运用弹性的概念来整体理解生态 – 社会 – 经济系统的发展,在生态、社会和经济三个子系统中进行适当的协调和干预。

国际上,弹性的概念被运用于应对气候变化和减缓自然灾害等领域的研究,许多著名的机构都相继给出弹性的定义。政府间气候变化专门委员会认为:"弹性用来描述一个系统能够转化冲击,并维持同样基础结构和功能的能力,也是组织、适应压力和变化的能力(Intergovernmental Panel on Climate Change, 2007)。"联合国国际减灾战略署定义:"弹性是一个区域或城市暴露于危机中时能够通过自身及时有效地抵抗、转化、适应并且从中恢复的能力,包括保护和恢复其相关的基础设施、社会服务功能等(The United Nations International Strategy for Disaster Reduction,2014)。" 20 世纪 90 年代,Klein 指出弹性城市理念已经渗入城市发展的各个领域中(Klein,2003),这开拓了城市学研究的新内容和新视野(蔡建明,2012)。Wilbanks 等认为弹性城市(Resilient Cities)是指城市系统能够应对和抵抗多重危机,并从中恢复,将其对社会和经济秩序的影响降至最低的能力(Wilbank,2007)。在这一过程中,城市能够吸收或转化干扰和压力,在受到冲击后不仅具有以往的特征,还能够继续从干扰和压力中增强自身的抵抗和转换能力(Resilience Alliance,2002)。Alberti 等将弹性城市定义为城市一系列结构和过程变化重组之前,所能够吸收与化解变化的能力与程度(Alberti,2003)。

弹性研究联盟(Resilience Alliance)将弹性城市定义为:城市或城市系统能够转化并吸收外界干扰,同时保持其原有主要特征、结构和关键功能的能力(Resilience Alliance,2007)。弹性城市还具备三种能力:一是系统能够承受一系列外界冲击和干扰,但仍然保持原有功能和结构的能力;二是系统有能力进行自我恢复和再组织的能力;三是系统具有能够建立和促进自我学习并自我适应的能力(Robert,1985)。该研究联盟还指出弹性城市建设有四个优先领域:①城市新陈代谢流——用来支撑城市功能的发挥、提升人类健康及生活质量;②社会动力——包括人文关怀程度、人力资本形成和减缓社会不公的力度;③管治网络——涉及社会学系、社会适应以及自组织能力;④建设环境——包括城市形态的实体模式、它们之间的空间关系和相互作用。这四大优先领域实际上是从生态、经济、社会和工程等方面来强调弹性城市建设中的不同(Robin,2011)。

(2)弹性城市的评价研究

2014 年美国洛克菲勒基金会(Rockefeller Foundation,2014)针对城市系统提出通过健康和福祉(人)、经济与社会(组织)、城市体系及其职务(地方)、领导力与战略(知识)四类指标体系来研究、构建和评定一个城市的弹性。联合国大学环境与人类安全研究所(United Nations University Institute for Environment and Human Security, UNU-EHS, 2009)认为,如果一个大城市居民和机构功能能够有效运转,那么这个大城市就被认为是具有弹性的。城市不断扩张指弹性增加,不断收缩则表示弹性降低,这一比喻强调弹性和脆弱性的动态概念(Butsch, 2009)。日本北九州城市中心(KUC)提出从管理体制、硬件、软件三方面建立弹性城市综合研究框架,每一方面又包含若干项计划及衡量指标(Jagath, 2014)。日本法政大学(Hosei University)针对气候变化和自然灾害提出设立城市指标、行政指标、市民指标、综合指标等四类指标进行城市系统弹性评定(Kenshi, 2014)。联合国防灾减灾署(UNDRR,2017)确定了弹性城市的评价指标体系,包括制定防灾减灾风险预算、定期维护和更新防灾减灾设施、向公众公开城市防灾减灾相关的数据、维护应急基础设施、评估学校、教育机构和医疗场所的安全性能、确保学校和社区开设防灾减灾风险的常态化培训等指标。纽曼提出了建设弹性城市的 10 项战略步骤(纽曼,2012)。纽约州立大学布法罗分校区域研究所开发了弹性能力指数(Resilience Capacity Index,简称 RCI),从 12 项指标进行考虑,并分为区域经济属性、社会 - 人口属性和社区连通性三个维度。加州大学伯克利分校应用该评价指标体系,对美国 361 个城市进行评估,划分不同弹性等级的城市(Karen Patterns and

Bill Lester,2007）。由多伦多大学世界城市指标机构牵头,多个高校和组织等参加,正在讨论构建一个全球通用的弹性城市全球化的标准指标(Mind of the minds,2013）。James 和 Jonathan 基于生态学的视角,用弹性的方法来研究城市的再生路径,他们设计的气候变化弹性指数主要包括水系统的供给能力、污水和固体废弃物回收和处理率、家庭自来水分配和公众参与规划决策机制等(James et al.,2012）。美国社会和环境转型研究所(Institute for Social and Environmental Transition,简称 ISET)基于定量和定性的考虑,设计了近 40 项指标,该指标体系主要定位在亚洲国家和地区(Santos,2011;Michael,2014）。

（3）国外人居环境理论研究进展

国外人居环境的相关研究最初一直蕴含在城市规划学领域内,直至 20 世纪 50 年代,道萨迪亚斯创立人类聚居学后才开始较系统的研究(Doxiadis,1975；Doxiadis,1963；Wolfe,1970；Doxiadis,1977）。之后,不同学科的专家学者加入了人居环境研究的行列,使学科内涵得到了不断的丰富。到目前为止,国外的人居环境研究主要可以分为四个学派:城市规划学派、人居聚居学派、地理学派和生态学派(祁新华,2007；李王鸣等,2000）。

① 城市规划学派。19 世纪末 20 世纪初,以霍华德(Howard,1902）、芒福德(Mumford,1961）和盖迪斯(Geddes,1915）等为代表的城市规划学者是研究人居环境的先驱(陈友华等,2000）。1998 年,霍华德(E. Howard)出版了 *To-morrow: A Peaceful Path to Real Reform*,提出"田园城市(Garden City)"的概念,认为理想的城市,应使城和乡有机结合,并使两者像磁体一样相互吸引,这个具备城乡结合体的地方即为田园城市(Howard,1898）。芒福德在研究中,注重以人为主体和中心来进行城市规划,提出了影响深远的区域观和自然观,同时指出应把田园城市作为新的地区发展中心,认为"区域是一个整体,而城市是其中的一部分",只有建立一个经济、社会多样化的区域,才能综合协调城乡关系,促进其良性发展,并且主张各等级城市结合、城乡结合及人工环境与自然环境结合(Donald et. al,1989）。盖迪斯主要研究了人与环境之间的关

系、人类居住与地区之间的关系、现代城市成长和变化的动力。他提倡"区域观念",强调把自然地区作为规划研究的基本框架,也就是分析地域环境的发展潜力和限度,同时注重其对居住地布局的形式,以及对地方经济体的影响,突破了城市的常规范围。盖迪斯还提出了著名的"先诊断后治疗"的研究方法,即"调查—分析—规划"(Survey-Analysis-Plan),此方法成为影响至今的现代城市规划流程模式,这种模式主要通过现状调查来分析城市未来的走向,并预测城市的各项指标,厘清各参数和要素之间的相互影响和关系,并据此为城市的发展制定规划方案。

② 人类聚居学派。人类聚居学派以道萨迪亚斯为代表,此学派从城市规划学派发展而来,并逐步形成了独立的学科体系,在对人居环境发展的研究过程中发挥着不可替代的作用。这一学派强调把所有人类聚居区看作一个整体,包括乡村、城镇、城市等,并对人类聚居区的自然、人、房屋、社区、网络等元素进行了广义的系统性的研究(吴良镛,2000)。1955 年,道萨迪亚斯创办了《人类聚居学》(Ekistics)杂志,开始系统地研究和传播人类聚居学理论,该杂志一直刊发至今,对促进全球关于人类聚居方面的研究起了很大的作用。1963 年,他创建了"雅典人类聚居学研究中心"(Athens Center of Ekistics)。1965 年,他发起并成立了"世界人类聚居学会"(World Society of Ekistics),这是国际上首个将人类聚居环境作为研究对象而成立的学术团体。道萨迪亚斯在长期的城市规划实践中,尤其是在领导并参与二战后的希腊重建工程上,对面临的一系列问题进行了深刻的反省,创立了人类聚居学(Ekistics)。20 世纪下半叶,人类聚居学作为一门综合性的学科逐渐形成。20 世纪 70 年代人类聚居学开始活跃于各个学术领域,成为新兴的研究热点。

③ 地理学派。地理学研究的核心是人地关系。人地关系中人类和地理环境相互影响、相互制约,关系错综复杂(金其铭等,1993)。而人居环境是人地关系矛盾最集中和突出的场所,因此人居环境也可以说是人的活动和地理环境最基本的连结点。地理学主要从空间的角度来分析和研究住所的区位、

空间的组织和规划问题。杜能的农业区位论研究了居住空间结构形成的机制,克里斯泰勒研究了空间分布的中心地等级体系等。西方很多地理学者对城市人居环境的研究都是包含在对城市的空间结构研究中,并逐渐形成了专门的住宅地理学(Geography of Housing)(卢为民,2002)。

④ 生态学派。生态学与人居环境科学有着密切的关系(Mcharg,1969)。以人类生态学为理论基础,重点研究居住空间环境。在现有的人居环境的生态学理论中,有三种比较典型的方法:德国的景观利用规划分类、道萨迪亚斯的人居环境分类、以及 E. P. Odum 的生态系统利用分类。这些方法的目的都是通过生态学原理,认识和分析自然要素及其要素发生的规律,探寻符合自然规律的人居环境组织方式(魏江苑,2003)。芝加哥人类生态学派(Chicago School of Human Ecology)的创始人帕克(Park,1987)等借助生态学原理对城市的竞争、淘汰等进行研究,并对居住空间分异做了描述。前苏联城市生态学家亚尼茨基提出了"生态城市"的概念(Yanistky,1987),认为这个概念是未来住区发展的方向,生态城市是社会、经济、自然协调发展,能源、物质、信息高效利用的人类聚居地。雷吉斯特认为生态城市即生态健全的城市,该聚居地和谐、充满活力、节能,人在其中可以最大限度地发挥创造力,居民的身心健康和环境质量具备很高的安全性(Register,1987)。

(4)国外人居环境的实践

欧美国家的人居环境理论和实践研究,经历了大规模重建(战后)、重视数量、数量与质量并重阶段,到 20 世纪 70 年代的重视质量阶段,尤其重视生态环境质量。随后的人居环境实践中,尊重人,尊重自然环境,把建筑作为人居环境的重要组成部分。欧美国家的城市规划和建设具有悠久和良好的传统,二战后,人居环境建设更是进入了一个新的阶段,尤其体现在城市规划和设计、住区和基础设施建设、城市环境的治理和维护等方面(成文利,2003;Greber,1987)。不同国家根据自身现状和国情的不同,各有侧重(表 1 - 1)。

表 1-1 发达国家人居环境实践进展

国家	主要实践内容
英国	1944 年，在伦敦周围建立了 8 个卫星城市，达到疏解城市的目的； 2000 年末，英国政府在《千年纪村镇与可持续发展》报告中阐述了创建可持续发展住区的 8 项评价标准(徐琴,2002)。
法国	1962 年，法国掀起了绿色革命运动； 1965 年，大巴黎地区提出了包括城市绿化空间、生态环境、乡村环境在内的区域性绿色系统结构规划。
德国	20 世纪 70 年代，强调住宅质量和居住环境质量的要求； 20 世纪 90 年代，注重生态环境，推行适应生态环境的住区政策； 目前，把太阳能和其他可再生能源研究与开发运用到住宅使用中(Jackal,1998)。
荷兰	将土地利用和交通规划综合纳入到环境发展战略中； 荷兰在物质规划第 4 次报告中提出:提高城市生活质量,减少城市和地区的小汽车使用率。
瑞典	制订全国性的"生态循环城"计划。
美国	60 年代初，美国各大城市开始了人居环境的大变革，掀起了人居环境规划与设计的高潮(王兴中,2004;Campbell,1976)； 1993 年，制定《可持续发展设计指导原则》并运用到人居住宅建设中(Zeither,1996)。
日本	重视"城市居住生态环境"，在人居环境建设上最突出的是对环境的保护;1950 年，颁布了《国土综合开发法》，对环境进行保护，并在市民中开设环境保护专题讲座等(Gotoh,1997)。
新加坡	对城市人居环境的建设实践主要侧重于住房、公共服务设施以及道路绿化。

1.3.2　国内研究动态和趋势

（1）弹性城市理念在国内的发展现状

我国各级政府和相关部门、城市学领域的研究者、城市规划设计和建设等行业领域的工作者,为了提高城市发展的活力和提高城市防灾减灾等方面的能力,从弹性城市的相关要素开始着手研究。但目前尚缺少对弹性城市整体的、深度剖析,因此,城市弹性从理论到实践都需要进行顶层设计。国内研究人员尝试将细分网格法应用于弹性城市的规划中(徐晖,2011),强调都市农业对弹性城市食品保障功能的重要性(郭华等,2012)。同时,我国学术界近年来也召开了专门针对弹性城市研究的学术讨论。2012年,北京大学建筑与景观设计学院将论坛的主题定为"弹性城市",这也是我国学术界首次对弹性城市的理论和实践问题进行深入的交流和探讨。论坛讨论了城市如何在气候变化、资源枯竭的大背景下,当各种自然灾害和极端事件发生时,如何保持弹性的适应力,运用健康和坚固的城市基础设施和公共服务来满足城市居民的基本安全、生活等需求。完善的城市基础设施与社会公共服务系统,就像健康的人体免疫系统一样,能帮助城市顺利的抵挡每一次干扰和冲击。学界认为弹性的城市需具备如下要素:完善、便捷的综合交通体系、可持续的能源利用方式、平衡的土地利用机制(龙花楼,2015)、健康的城市生态体系、适宜居住的城市生活环境和丰富多样的城市文化(北京大学建筑与景观设计学院,2012)。另外,关于城市的多样性,仇保兴在2012年城市发展与规划大会上,指出城市的多样性有益于城市实现充沛的"弹性"。2013年6月,第七届中国规划学会年会的会议主题为"创建中国弹性城市:规划与科学",倡导让城市弹性具有优先级,尤其体现在城市规划和综合治理中。为了应对各种灾害对城市的冲击,城市规划者需要结合各领域的知识,协同自然科学和社会科学的合作。《中国弹性城市:以北京、上海为例》主要讨论了弹性城市的实践,分析了国外的典型案例。国际地方环境行动理事会秘书长康拉德·奥托·齐默曼在第四届中国(天津滨海)国际生态城市论坛也明确提出了建设弹性城市对中国来说是非常有必要的。刘红艳提出弹性城市是继低碳城市、宜居城市、智慧城市等概念之后,未来城市建设和发展的新方向(刘红艳等,2014)。李彤玥、顾朝林(2014)通过定量的方法界定了城市的弹性指数,为城市系统承受能力提升的百分率和城市系统威胁增强的百分率二者的比值(李彤玥等,2014)。焦利民(2016)等对中国地级以上城市的空间结构进行了弹性分析,将结果划分成了高弹性、较高弹性、中等弹性、较低弹性和低弹性五个等级(焦利民等,2016)。

(2)国内人居环境理论与实践现状

1994 年我国通过了《中国 21 世纪议程——中国 21 世纪人口、环境与发展白皮书》,其中重点提到了"人类住区可持续发展"的问题。1994 年,国家自然科学基金委员会召开"人聚环境与 21 世纪华夏建筑学术研讨会","人类聚居环境"作为学术术语在我国被正式提出(那向谦,1996)。吴良镛(1997)认为人居环境科学是研究所有人类聚居环境的综合性学科,包括乡村、集镇、城市等,同时构建了人居环境科学的学术框架,认为应以"建筑、园林、城市规划的融合"为核心。朱锡金提出了生态住区的概念,认为应以自然生态为依托,强调对人的养成作用,并要面向 21 世纪对居住区进行规划(朱锡金,1994),1997 年他进一步提出"居住园区"这一居住地构成样式(朱锡金,1997)。杨贵庆主要对大城市周围的小城镇人居环境可持续发展做了系统研究(杨贵庆,1997)。2006 年中央一号文件中明确提出"加强村庄规划和人居环境建设",2008 年中央一号文件重申"继续改善农村人居环境"。刘滨谊针对全球、国土、区域的人居环境的建设发展与保护所面临的问题,提出了 CQE 工程,试图以现代方法技术完成和实现人居环境的研究和实践(刘滨谊,1996)。谢让志选择包括生态、经济和社会类的 27 项指标作为评估,得出全国四大城市住区的环境质量综合评估报告(谢让志,1997)。杨贵庆选取上海不同居住区进行样本研究,通过问卷调查和统计,计算各住区综合得分,包括对居住地环境的评价、对所在居委会的印象、邻里之间的交往现状、安全性评价等共 15 项指标,提出"提高社区环境品质,加强居民定居意识"(杨贵庆,1997)。

1.3.3　国内外研究现状的不足

综上所述,国内外学者围绕弹性城市的概念、建设、评价等有一定的研究,对人居环境的发展、参与也做了很多的实证探索,但从已有的研究进展来看,仍有以下不足:

(1)对弹性城市的概念认知方面没有明确统一

弹性城市(Resilient Cities)是外来词语,国内的命名很多,有弹性城市、韧性城市、适应性城市等,还有一些学者和国家将这个词语解释为可持续性的城市,这些命名给研究带来了很大的不便。国际上,由于国情不同,各个国家对弹性城市的内涵存在认识上的差异,在学术界没有形成明确统一的概念,在开发实践中缺乏统一规范的弹性城市识别体系和评价指标体系,从而阻碍了弹性城市与普通城市的对比、经验借鉴和研究的深入开展。

(2)在弹性城市人居环境评价指标体系方面的研究很少

国内外专家学者根据不同的国情和区域差异,对弹性城市的构建和人居环境的评价等分别研究出了很多评价指标体系,但是对于如何构建弹性城市人居环境评价指标体系却没有深入的研究,特别是基于弹性城市理念的人居环境,目前还没有具体的文献记录。随着城市化迅速发展,城市人居环境受到很大的冲击,构建健康、和谐、有弹性的人居环境十分有必要。

(3)基于弹性城市理念的人居环境模拟仿真预测方面缺乏

国内对于弹性城市建设和人居环境的测评大多数都是静态的,没有构建符合我国不同城市特色的、以弹性城市建设为目标的人居环境模拟仿真系统和优化路径,这不利于我国城市人居环境弹性能力的提升。

1.4 内容概况

本书以弹性城市建设背景下的中国典型城市人居环境为研究对象,分析弹性城市人居环境的现状、系统构成和影响因素机理,构建弹性城市人居环境评价指标体系。以长沙市为实证研究城市,测算弹性城市人居环境指数以及仿真模拟弹性城市建设背景下人居环境的动态发展趋势,提出弹性城市人居环境的优化路径和措施。研究的内容主要有以下五个方面:

(1)研究弹性城市建设的重点,基于可持续发展理论、系统动力学理论和生态学、城市经济—社会—生态复合系统理论等,分析弹性城市的四个重点建设维度:城市生态弹性、城市工程弹性、城市经济弹性、城市社会弹性。这是本书的主要理论基础。

(2)人居环境是城市资源、人口、环境的综合体,同时也受到居住条件、经济、社会、生态和公共基础设施等方面的影响,通过对具体影响因素的分析,提出影响因素之间的影响机理。运用环境库兹涅茨倒 U 型曲线和对数曲线,考察城市化与生态环境在同一条时间轴上的变化规律,对城市建设与人居环境的耦合机制进行数理规律性、时序规律性分析。这是本书研究弹性城市人居环境的重要环节。

(3)构建基于弹性城市建设背景下的人居环境的评价指标体系和模型，结合实际，分别设定居住弹性子系统、经济弹性子系统、社会弹性子系统、生态弹性子系统和工程弹性子系统共五个子系统。从单项指标、综合指标及模型建构等方面测算弹性城市人居环境指数（HSI），并对全国 35 个典型城市的人居环境进行聚类分析。运用 GIS 空间技术分析方法，对主要城市的人居环境质量进行空间差异分析。

(4)通过实证研究，对长沙市的人居环境问题进行分析，运用系统动力学（SD）方法探讨人居环境内部各子系统和各因素之间的因果关系，仿真模拟不同方案下人居环境发展的趋势。这是本书的核心。

(5)弹性城市建设目标下人居环境的优化路径与政策分析。这是本书最终要实现的目标，包括弹性城市建设目标下人居环境的发展战略以及发展模式的设计；根据本书前半部分一系列定性和定量的分析，为城市人居环境的居住条件、环境保护、产业结构调整、环境承载力缓解等提供优化路径和建议政策。这是本书的最终用意。

2 弹性城市人居环境的理论基础

2.1 弹性城市的概念

弹性城市的核心在于提高城市或地区面对极端事件时所具备的适应和转型的能力,这个概念是当今世界在面对自然灾害以及极端事件频发的背景下提出的。1960 年,弹性城市的概念被引入生态学,1973 年,Holling 发表了首篇关于生态弹性的论文,此后弹性概念越来越受到国际的广泛关注。西方很多研究城市问题的学者将弹性的概念引入到城市规划当中,认为它能跨学术、理论、政策和实践,具有很强的可塑性(Bristow,2010)。

将弹性概念引入并运用到城市人居环境研究当中,有助于城市人居环境的良性发展,并能提高城市人居环境的质量和避免在气候变化和极端事件发生时人居环境将面临的混乱,以实现人居环境的可持续发展。在分析城市人居环境的动态变化时,可将社会和自然环境系统相结合(Santos et al.,2011),全面、系统地分析影响城市人居环境发展的内在驱动因素,并尽量避免可能使人居环境陷入非良性发展状态的因素。特别是随着社会经济的快速发展,对人居环境的影响日趋直接和激烈,要想有效地应对周围的不确定性和危机,就需要不断变革、更新和转化,积极应对各种灾害和危机,形成新的解决方案,寻求新的发展路径。

　　此外,在考虑城乡人居发展时,应将思维和行动方式由"指挥和控制"转为"学习和适应"。将弹性城市的理念运用到人居环境中,意味着规划和决策方式上的转变:由保守的思维方式,转变为更有预见性、灵活性的思维方式,让社会各方共同承担人居环境变化的结果(宋涛,2014)。

　　什么是弹性城市呢? 本书认为,弹性城市是指在经历压力后能迅速恢复,在自然灾害和极端事件发生后能快速响应,并迅速适应新的环境,且不会影响到未来中长期发展的城市。它主要是着眼于增强一个系统在面对多种灾害时的应急响应能力,而不是预防和减轻特殊事件所造成的财产损失。这要求城市发展需具备先进的技术、新的管理方法、不断减少能源消耗和制定可持续的发展路线,同时不断提高城市的弹性应对能力。

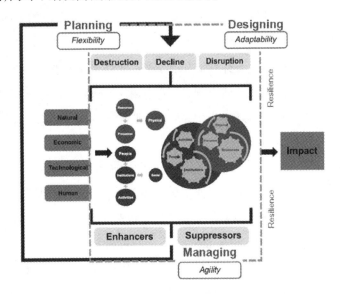

图 2－1　城市和压力(Kevin et al. ,2013)

图片来源:KEVIN C. DSEOUZA, TREVOR H. Flanery. Designing, Planning and managing resilient cities: A conceptual framework [J]. Cities, 2013(35):89－99.

2.2　弹性城市人居环境的概念

　　弹性城市在城乡人居环境中可以引申为：要建立一个弹性的人居环境，首先要协调人与自然、社会、经济和资源环境之间的关系，应用智慧技术，改变高能耗、高污染、高消费的生活方式，鼓励城市、社区和居民最大限度地减少对自然资源的依赖和对环境的破坏，并形成一个新的资源节约型和环境友好型的循环经济体系。倡导包容、健康、节约、适度消费的生活方式，改变人们的思维和行动方式，实现人居环境低碳、友好、可持续的发展，居民生活以智慧化为理念，政府和社区管理以弹性为基础的复合发展目标（Ruth et al. ,2014）。同时，弹性城市的人居环境发展还应当包括以下内涵：

　　（1）系统内部具备多样性、补充性和灵敏性。增加城市人居环境系统的多样性，有利于城市和社区在遇到外来压力时，能够迅速恢复并继续发展，为此必须最大化地增加商业、产业、生活物质来源等。自然灾害和人为极端事件越来越频繁，意味着城市和社区必须增强弹性，一旦城市人居环境系统中某个子系统（包括电厂、网络、污水垃圾处理、燃气燃料供应、生活用水供给等）出现崩溃，其他系统可以及时进行补充，以减少和降低负面效应。在遇到外来压力时,系统越快探知这些变化,越能有效地应对这些变化,这个城市或地区人居环境的弹性也就越大,这就意味着在设计和规划人居环境系统时应注重其反馈的灵敏性和及时性。

(2)基础设施的实用性和耐久性。极端自然灾害和人为事件的发生可能会对城市人居环境系统造成损害,对于基础设施也会有一定程度的损害,但是在事件发生时,也正是基础设施发挥巨大作用的时候。因此,在设计和布置基础设施时,应充分考虑基础设施的实用性和耐久性,特别是对于应急基础设施的设计和应用,这也是弹性城市人居环境能够及时有效地面对每一次压力的最好体现。

(3)地区的自供给能力。城市的人居环境需要能够及时有效、可持续地提供生活产品和各类服务,包括提供食物、燃料、水、电和其他日常生活用品的服务。大城市的自给自足能力最好能在本地或者邻近区域得到实现,这有利于在外来压力发生时,能够较快地恢复自给系统,既能及时从事件中恢复,又能将损失减少。

(4)智慧技术的创新和应用。实现人居环境系统智慧技术的创新与应用,可以借助当地政府、企业,通过政策激励和融资的支持,促进资本的流动,并将政府、企业、组织、家庭和个人都广泛地纳入到弹性城市人居环境的建设过程中。

2.3 弹性城市人居环境的理论研究基础

2.3.1 可持续发展理论

可持续发展理论是人居环境发展的基础理论。世界环境与发展委员会在其研究报告《我们的共同未来》中首次提出了可持续发展的概念(1987):既能满足当代人的发展需求,又不损害后代人满足自身需求能力的发展。政府间气候变化专门委员会(Intergovernmental Panel on Climate Change,简称 IPCC)发布的 5 次报告是可持续发展进程中最具影响力的报告(IPCC,2007),包括《千年生态系统评估》(Millennium Ecosystem Assessment,简称 MEA)。此外,由 Lennard 发起的国际宜居城市研讨会(International Making Cities Livable,简称 IMCL)是宜居城市思想形成的重要标志,此次研讨会集中了政治家、开发商、规划师及宜居城市建设者等,专门针对宜居城市的建设进行经验交流,是可持续发展理念内涵的拓展与延伸。会议认为,尽管生态城市、低碳城市、宜居城市等在时间顺序上不一定同步,但肯定了人居环境的基本标准是生态、低碳、宜居,这将可持续发展由理论推向了行动。可持续发展理论的目标始终围绕着建设可持续发展的人居环境,核心思想则从关注生态环境延伸到社会公平公正。

从可持续发展理论的原则上来看,其主要融入了三个理念:人地和谐理念、公平理念和生态文明理念。(1)人地和谐理念,注重人地关系,强调经济发展与人口、资源、环境的高度综合统一,这也是一个国家或地区可持续发展最重要的表现之一。(2)公平理念,即代内公平和代际公平。代内公平指一个地区的经济发展、资源开发利用、污染排放等,不能影响和破坏其他区域的环境,即要求世界各地的人们拥有平等的机会,不能损害其他国家和地区的发展;而代际公平则指不同代际之间公平使用自然资源,资源的分配不能取决于事件的先后,而应是平等地享有发展机会(杨勤业等,2000)。(3)生态文明理念,一是环境是有价的,人类可以通过劳动提升其价值,同样也会影响和降低其价值;二是人类创造的经济价值不能是孤立的,而应该与其相关的社会价值和环境价值相统一。

2.3.2　城市社会理论

城市社会理论能够为快速城镇化的中国城市人居环境问题提供社会学理论解释。城市社会理论主要有三个学派:

(1)古典社会学派。德国社会学家 Teonnies 和 Weber、法国社会学家 Durkheimdou 都从社会不同的角度对城市的问题进行了分析,包括城市存在人与人之间激烈的竞争、人群异质化和疏远化等问题,同时也指出引起现代城市衰退的一个重要原因是社会普遍对资本过分依赖,人们过分强调利益。当今中国城市在快速城镇化的进程中,也出现了当年西方国家城市化过程中发生的各种问题,如生活和工作在大城市的农民工及其子女在基本的公共服务和社会保障上与本地市民仍存在差别对待的现象,社会分层越来越明显和城市内部竞争的加剧可能会导致社会问题的不断涌现,城市不同社区的公共基础设施存在较大差异,经济较发达城市和经济欠发达城市的居住条件有明显差别,产生更多的"城市病",导致城市人居环境问题越来越严重,而这恰恰是本书探究弹性城市人居环境的内容之一。

(2)人类生态学派。历史上,一战结束后世界上各地的移民纷纷涌入美国,导致城市发展出现严重的问题。如美国学者 Park 认为过去被人们所重视的乡土情结、种族和门第等变得日趋淡化,传统的生活方式被忽略或改变;Wirth 认为城市是一个相对规模大、密度高和个体社会一致性的居民区,高密度的人口促使人们容忍度的增强和非个性化的加深。特别是此学派对于城市病的探讨主要集中在城市土地利用模式上,如著名的同心圆模型、扇形模型和多核模型等,空间的分异使得城市内部不同阶层之间的分异继续存在(Carl,2012)。中国大城市低收入群体在住房条件上就存在明显的空间分异,"城中村"的拆除和商业集团的建设,可以带来利益,增加财政收入。"城中村"在城市整体经济发展中矛盾凸显,但中国"城中村"的问题与西方国家的贫民窟并不能一概而论,只能根据各自的国情,找到寻求利益和分异的平衡点,这也是与弹性城市的人居环境建设的内容息息相关的。

(3)居住分异理论学派。不同职业背景、受教育程度、收入水平的居民在住房选择上趋于同类相聚,居住空间分布趋于相对集中和独立(周伟林等,2012)。城市居民住房条件的空间分异情况,聚居越临近越均质,居住空间分异越小;而聚居越孤立,居住空间分异就会越大。在快速城镇化背景下,中国的城市人居环境必然也存在空间分异(汤礼莎,2009)。如我国的深圳自改革开放以后发生了翻天覆地的变化,经济发展迅猛,但城市内部至今仍有城中村和棚户区的存在;美国的波士顿,穷人区和富人区无论是居住条件还是区内物价水平,都存在较大差异,富人区聚集的区域房价甚至是穷人区的几倍以上。这些都证明,在城市的快速发展过程中,区域差异不可避免,城中村、棚户区、安置区的居住条件与城市评价居住水平有较大差距,但这种差距必须缩小在可控范围内,并提供基本的、平等的基础设施和公共服务,这正是弹性城市人居环境建设的重点(Resilience Alliance,2007)。

2.3.3　生态学理论

1866 年,Reiter 提出生态学(Justus,2011),德国动物学家 Erns 首次把生态学定义为"研究动物与其有机及无机环境之间相互关系的科学"(1869)。自此,生态学成为一门有自己的研究对象(生物聚居地)、任务(有机体与其栖息环境间的关系)和方法(描述—实物—物质定量)的比较完整和独立的学科。生态学是研究生物住所的科学,强调有机体与其栖息环境之间的相互关系,即研究生物与环境之间相互关系及其作用的科学。随着系统论、控制论、信息论等概念和研究方法的引入,促进了生态学理论和实践的发展。生物多样性的研究、全球气候变化的研究、受损生态系统的恢复与重建研究、可持续发展研究等成为生态学新的研究热点。城市居民与所处环境相互作用而形成统一整体,这个整体以人为核心,人通过对自然环境的适应、加工、改造等形成一个更适合人类居住的人工生态系统,此系统具有一定的依赖性,人流、物流、信息流和资金流都较密集。面对近年来倡导的建设生态人居环境的呼声,生态系统已成为人居环境建设不可分割的一部分,一个健康的生态系统能促进人居环境质量的提高,同时也能在人居环境遇到外来压力时,有效、快速地回弹,继续人居环境系统的良性循环,这也是建设弹性城市人居环境的一个重要理论之一。

2.3.4　系统动力学理论

系统动力学是 1956 年由美国麻省理工学院福雷斯特教授创立的,是一门分析研究复杂系统问题的、交叉的、综合的新学科。以控制论、信息论和系统论作为理论基础,以仿真技术为手段。其特点是强调结构的梳理和描述,处理具有非线性和时变现象的系统问题,并能对其进行长期、动态、战略性的定量仿真分析与研究。它具备以下特征:第一,用系统动力学研究城市人居环境的问题,把这个问题涉及的居住、经济、社会、生态等作为一个系统,并逐个讨论各个子系统及其要素之间的相互关系,确定系统结构功能的因果关系图;第二,系统模型的建立并非一蹴而就,而是需要不断完善的过程,这有利于人们对城市人居环境过程中的区域生态环境、社会经济发展等相互耦合交织的过程进行循序渐进的挖掘与认识。

2.4 基于弹性城市理念的城市人居环境的基本问题

2.4.1 城市人居环境的影响因素分析

(1)社会经济发展。社会经济发展的水平与城乡人居环境的质量有着十分密切的关系。从人居环境的角度来分析,改善和提升人居环境的现状,需要社会经济资源作为坚实的基础。各级行政区域的经济系统就是利用各种环境资源、信息、科技和劳务等,生产和组合成各种产品供应消费者。一方面,如果没有经济发展所需的资源(如石油、燃气等),或者没有商品和劳务供购买,货币便失去了其原始的价值;另一方面,如果没有资金,经济活动则无法开展,资源也不能得到有效的开发和利用,人居环境将得不到改善和提升,人们处于落后的人居环境中,势必也会影响国家社会经济秩序的健康稳定发展。我国目前的社会经济发展大多仍依赖于资源的消耗,且资源能源的来源立足于国内。这种情形一方面说明中国经济发展所需的物质资源等,对于外部的依赖性较低,资源能源基础较为雄厚,经济的安全性比较高;但是另一方面,由于人口众多,人均占有资源能源较低,且生产和管理过程的科技含量较低,存在着较大的资源浪费和破坏,经济系统的发展给自然环境带来了较大的压力(Sheehan,2010),这种资源消耗型的社会经济发展模式,在弹性城市人居环境建设的过程中,即表现为过于依赖自然资源,自给率低,资源消耗大,给自然环境造成压力,不利于人居环境的整体提升。

(2)城市化水平。这是衡量一个特定区域城市化发展程度的数量指标,人口向城市聚集,城市规模扩大。城市化水平可以分解为反映城市人口集散的人口城市化、反映城市经济增长的经济城市化、反映城镇空间扩张是的空间城市化和反映城市文明扩散的社会城市化。城市化的经济增长是提升城市人居环境的动力;城市化的人口集聚和空间扩张是城市人居环境的量变;而城市化的文明扩散则是城市人居环境的质变。城市作为区域发展的经济中心,城市化进程能带动区域经济的发展,而区域经济水平的提高又能促进城市人居环境的提升。城市化过程中的人口集聚过程,本身是利用土地、改善人口福利的人居环境优化过程。城市化的空间扩展过程中,第一阶段是指向大城市为中心的城市群、城市带或都市圈等进行集中化发展的过程,同时伴随着的是第三产业的高速发展,这使得人居环境可以得到优化;第二阶段是分散化和郊区化的过程,城市的职能不断转化和协调发展,城市人居环境不断扩大,问题也会越来越多。城市化的文明扩散过程中,城市成为区域科技和文化的中心,提高了区域的整体发展水平,合理的城市化向着有利于提高人们的生活水平、改善生存环境、促进社会发展的方向转变,同时也会降低人类活动对环境的压力,改善和提升人居环境。

(3)自然资源环境条件。自然资源环境条件是城市人居环境的重要组成部分。城市的土地、地质地貌、气候、植被、水文、野生动植物、自然灾害的发生率等因素都会直接影响城市的人居环境,随着城市的不断发展,对自然资源的需求越大,对环境所造成的压力也会越大。在农业社会,资源主要以水、土地和气候等资源为主,部分区域资源丰富、人口较少,使得区域的整体生态环境较好。工业化初期,人们为了追求高效率和经济利润的最大化,大量使用矿产资源、能源等,特别是发展速度较快的城市出现了"非均衡"状态,对当地资源消耗较大,同时也产生了大量的废物,局部地区开始出现空间超承载力、污染严重、环境质量变差等问题,虽然人居环境的经济基础越来越好,但对环境的破坏也越来越大,导致人居环境质量下降。到工业化后期,人们日益关注经济发展对环境的破坏问题,并不断开发新型的高新技术,开发各种新能源、新材料来摆脱对资源的依赖和减少对环境的影响,体现了人们对于人居环境整体的高质量需求。

(4)居民居住条件。随着人们对经济效益的不断追求,人类的生活已经不仅仅局限于吃饱穿暖,基于中国的基本国情,住房问题成为了人们的基本需求,也是人们最关注的问题之一,而这个因素恰恰也是人居环境的重要组成部分,有着极其重要的地位,甚至在中国,人们的传统观念认为有无住房是人居环境质量高低的直接体现。在城镇化快速发展的进程中,房地产成为了中国重点发展的行业,其发展也改善了人们的居住条件,在人均住宅面积、城市住宅投资规模等方面显示出中国整体居住水平的不断提高。但是由于社会贫富差距的存在,居住条件无法在短时间内实现均等化,尤其是在大城市,农民工进城务工,"城中村"、城市棚户区等客观现实,使得居住条件的矛盾也日益凸显,不少经济困难群体的居住条件堪忧。房价涨幅大,与人均可支配收入有较大差距,这使得困难群体的居住成为整个社会关注的问题,也是相关政府部门亟须解决的问题。

(5)基础设施和公共服务。中国城市的人居环境总体水平还反映在基础设施和公共服务方面,基础设施的改善和公共服务的提高大大拓展了人类活动的空间,在弹性城市的建设中,一个城市是否有抵御各种自然和人为灾害的能力与城市的基础设施和公共服务有着密切的关系,一般我们把基础设施限定在市政、交通和通讯等方面,公共服务主要在教育、医疗和文娱设施等方面。基础设施和公共服务为中国人居环境的质量提供了基本的物质保障,也是打造"宜居城市"的物质载体。然而,不同级别城市的基础设施和公共服务却仍然存在较大差异。省会城市和经济发达城市的整体差异不断缩小,但从全国范围来看,中小城市和经济欠发达城市的差异却有所扩大。特大城市和超大城市的基础设施较完备,但由于人口增长速度也很快,其基础设施和公共服务的承载力出现了较大的问题。平衡超大城市的基础设施建设和外来人口的涌入之间的关系,解决超大城市的基础设施承载力,缩小不同级别城市的整体差距是人居环境高质量发展的重要体现。

2.4.2　弹性城市人居环境影响因素及影响机理

在社会经济发展、城市化水平、资源环境条件、居民居住条件、公共基础设施与公共服务等多因素的驱动下,城市的人居环境机制得以形成。实际上也是因为人居环境最基本的因素之间的差异,在人居环境整体系统中形成了不同程度的推动力,进而影响其在不同阶段的差距,由此随着各因素的不断积累和变化,城市的人居环境也会不断演变。

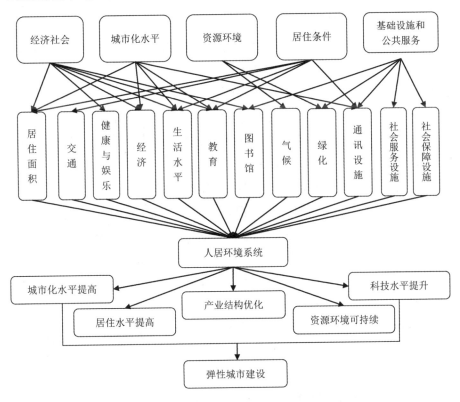

图2-2　弹性城市人居环境系统影响因素机制图

2.5 弹性城市建设背景下的人居环境主要研究框架

2.5.1 洛克菲勒基金会研究框架

2014 年美国洛克菲勒基金会(Rockefeller Foundation)针对如何构建和评价弹性城市,提出了一个指标体系,该体系也同样适用于城市人居环境系统。其包括了四个类别,每个类别又包括了 3 个指标,每一项指标又包含了若干个二级指标(图 2 - 3)。在这些指标中,人居环境与城市系统紧密相关,如果有任何一项出现问题或较为薄弱都会威胁到城市的弹性和人居环境的适宜度。

(1)"健康与福利——人"类指标。主要体现在最大程度地减少人类可能产生的脆弱性,尽最大努力满足人的生存和就业,以及保障人们的生活和健康问题,这是人居环境最基本的需求。①最大程度地减少人类可能发生的脆弱性表现在满足个体和家庭的基本需求,使得人们在维持基本生存水平的同时,也能够努力获得较高的生活水平。其核心在于:避难场所的畅通和容量,充足和安全的食物供给,特别是对于弱势群体的供给,可依赖的全市供水、排水、能源网络系统。支撑这一指标的二级指标为:食物、水、卫生、能源和住房。②生存和就业表现为通过融资、自然增加盈余、技能培训、企业支持和社会福利等途径来促进居民的就业,使他们具备多样化的就业技能和途径。主要为他们提供培训和技能发展、小额信贷和创新创业的机会,并保障居民可以不受限制地进入任何合法的行业,且无需顾虑种族、民族和性别取向。支撑这一指标的二级指标为:生存的机会、技能和培训、发展和创新以及金融的支持。③保障人们的生活和健康主要表现在提供综合性的卫生服务设施以及应急响应服务的保障。这类服务体系中应该具备充足的医务人员和完善的医务程序,以保证居民在面临紧急事件期间能够接受完善的医疗服务,并具备提供超负荷的能力来满足峰值的需求。还应提供专门针对弱势群体制定的包容性服务以及预防响应策略,使得在紧急情况下,能发挥多样的医护人员和设备网络的可用性。支撑这一指标的二级指标为:公共健康管理、可承担的健康服务、应急设施设备和从业者。

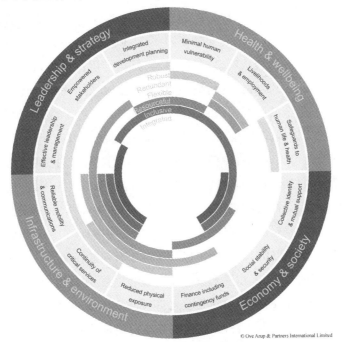

图 2-3 洛克菲勒基金会构建的弹性城市指标体系(ARUP,2014)

图片来源:Rockefeller Foundation, ARUP. City resilience framework [EB/OL]. https://www.rockefellerfoundation. org/report/city-resilience-framework/, 2014.

（2）"公共设施与环境——地方"指标。主要体现在降低环境的物理暴露性和脆弱性、可持续的关键服务和可靠的沟通、通信三项指标，这是人居环境因素中对基础设施和公共服务的体现。①降低环境的物理暴露性和脆弱性表现在严格的环境管理、适当的基础设施、高效的土地使用规划和规划条例的执行。支撑这一指标的二级指标为：环境政策、关键基础设施的安全保障、建筑的规范和标准。②可持续的关键服务主要体现在提供多样化和积极的准备管理、生态系统和基础设施的维护以及应急计划。支撑这一指标的二级指标为：生态管理、洪水风险管理、维护实践、关键基础设施的需求、持续的规划。③可靠的沟通和通信主要是指多样化的信息传输系统、通信技术网络以及应急计划。支撑这一指标的二级指标主要有：多样化的传输网络、信息交流技术、应急交流服务。

（3）"经济与社会——组织"类指标。主要体现在集体认同感和相互支持、社会的稳定和安全、可用的金融资源或应急基金、涉及人居环境的经济社会发展，包括人们的社会认同感、归属感等，是精神层次的追求。①集体认同感和相互支持需要强大的社交网络、社会融合度以及居民对社会活动的积极参与。规范的、健全的社区网络和活动可以促进居民之间的相互交流，推进居民自下而上的集体认同感，使个人、社区和政府之间可以相互信任和支持，在面对紧急情况时可以团结在一起，避免社会的动荡和暴力犯罪行为的发生。支撑这一指标的二级指标是：社区和公民参与、社会关系和网络、地区文化与认同、综合社区。②社会的稳定和安全主要包括有效的执法、避免犯罪事件的发生、公平公正以及对应急事件的管理。支撑这一指标的二级指标是：对犯罪行为的威慑力、减少腐败、执法公正以及正确而有效的执法方式。③可用的金融资源或应急基金是社区在遇到紧急事件发生时强有力的后盾，这主要体现在城市如何有效和严格地管理财政收入，拓宽财政收入来源，并能够有效地吸引企业的投资，并将资本进行再分配，构建应急资本体系。支撑这一指标的二级指标主要有经济结构、对内投资、集成地方和全球经济、商业的可持续规划、良好和有效的财政管理。

（4）"领导力与战略——知识"指标。主要体现在有效的领导力和管理、利益相关者的管理以及一体化的发展规划,此指标为人居环境提供顶层设计和规划,指导人居环境朝可持续发展的方向发展。①有效的领导力和管理主要与政府、商业、相关民间团体以及信用度高的个人等多方利益者的磋商和决策相关。支撑这一体系的二级指标是:多方利益相关者的联盟、政府内部的联盟、政府的决策和领导力、应急能力和协调。②利益相关者的管理注重与教育的相关性,并依赖于通过对信息和知识的不断更新为个人和组织提供适当的相关活动。支撑这一指标的二级指标是:知识的转化和实践的分享、风险的监测和预警、公众的风险意识、政府和居民之间的通讯是否畅通。③一体化的发展规划主要为城市的愿景规划、一体化发展战略决策以及跨部门之间组织的定期检查和更新。支撑这一指标的二级指标主要有:城市的监测和数据、决策和计划、土地利用和发展。

2.5.2 联合国大学环境与人类安全研究所研究框架

2009 年,联合国大学环境与人类安全研究所(United Nations University Institute for Environment and Human Security)提出了弹性城市建设人居环境的探究框架(图 2 - 4)。在这个框架中,弹性城市被喻为是一个球体,球体的中心是脆弱性和弹性在相互作用,球的外围共有三层,分别是全球层面、区域层面和大城市层面,并对城市中人和制度之间正式的或非正式的部门造成影响,以作用于整个大城市的经济、社会和生态系统,弹性功能也会随之进行不断收缩或扩张,脆弱性强则表示城市应对风险的能力弱,相反,弹性越强,则表示城市应对风险的能力强,这是一个动态的、强调城市弹性和脆弱性的概念(Butsch,2009)。此概念有助于在进行弹性能力预测时动态地分析城市的弹性与否。

根据这个框架,Folke 等人认为如果想要成功建设一个弹性城市,完善城市的人居环境系统,有四个因素是必须引起重视的。第一是接受城市在发展过程中诸多的变化和不确定性,这是常态。城市发展的决策者应该利用这个机会,向更多的民众开发,以获得更多的可持续性的途径。第二是多样性更能推动城市的重组和更新。多样性包括不同阶层的人群聚居地、社区居住人口的人均受教育程度、城市的经济发达水平等各种因素,但正是由于多样性的存在才会促进社会的发展,因此不应该要求一切均等化,而应该鼓励多样性的存在和发展。第三是知识是创新的条件,应更加注重将知识融入到决策中。第四是自我组织的关键是能够很好地、快速地适应环境,提高自我组织的能力,能够更好地促进社会的良性发展。基础设施和公共服务是促进人们适应环境的基本配置,尤其在大城市,吸引外来人口聚集的原因,除了高收入以外,还有健全的教育设施、通讯设施、社会保障设施等,而弹性城市强调的快速适应环境的自我组织能力,既是自我调适的能力,也是促进人居环境自我修复和保障的能力。

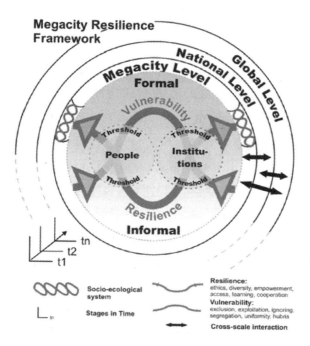

图 2 - 4 大都市弹性城市研究框架(Butsch,2009)

图片来源:BUTSCH C, ETZOLD B, SAKDAPOLRAK P. The megacity resilience frame-work [R/OL]. http://unu. edu/publications/policy-briefs/the-megacity-resilience-framework. html, 2009.

2.5.3 日本北九州城市中心研究框架

2014 年日本北九州城市中心(KUC)提出了由管理、硬件以及软件三个方面组成的弹性城市人居环境的研究框架(图 2 –5)。在这个框架中,管理 – 硬件 – 软件相互配合衔接,管理是地方各部门的组织和协调机制,负责分配预算和准备风险定价评估的规划、集成和发展策略;硬件主要负责基础设施的规划和投资、集成卫生保健设施和应急服务、土地利用实施建设法规和规划以及安装各种预警系统;软件主要为教育的计划和培训、社会网络以及储蓄和技能培训。在这三个方面中又包含了更多的指标。

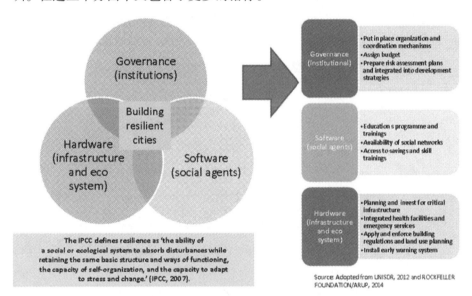

图 2 –5 弹性城市人居环境建设三要素(Kevin,2013)

图片来源:KEVIN C. DSEOUZA, TREVOR H. Flanery. Designing, Planning and managing resilient cities:A conceptual framework [J]. Cities, 2013(35):89 – 99.

2.5.4　日本法政大学研究框架

日本法政大学(HOSEI UNIVERSITY)针对气候变化和自然灾害提出设立城市指标(UI)、行政指标(AI)和公民指标(CI)三种类型来对弹性城市的人居环境建设框架进行研究。其中城市指标主要是指地方政府和专家通过对基础设施、经济活动和环境等因素的了解,对其进行评价,并进行定量的统计和分析,这是城市监测和测量的指标;行政指标主要指地方政府和专家通过对现有的政策法规的了解和问卷调查,对其进行数据的评估和审查,这是对城市政策和法规进行监测和改进的指标;公民指标主要是指通过问卷调查的方式,向公共利益相关者和专家了解知识、学习及培训情况,以此来监测市民关于弹性状态的指标。

2.6　弹性城市人居环境的主要研究重点

实际上弹性城市的人居环境不仅应具备系统内部调整的能力,还应具备应对各种消极的和突然的冲击的能力,并能将积极的机遇有效转化为继续运转的能力(Berkes et al,2003)。其研究的内容涉及以下四个主题:新陈代谢流系统、管治系统、社会动态系统和建成环境系统。其中城市代谢流既是维持城市人居环境正常运转的功能,也是保障人们生活质量的生产消费链;管治系统是人们学习、适应和重组的能力,以此来面对城市不断发展所带来的挑战;社会动态系统主要是针对社会公民、社区、服务、消费之间的关系进行分析;建成环境系统主要对城市形态之间的空间关系进行分析(图2-6)。而城市人居环境的建设与这四个系统息息相关,国内外学者在运用弹性概念分析城市的人居环境问题时,还将此弹性具体归纳为生态弹性、工程弹性、经济弹性和社会弹性等四个方面。

2.6.1　生态弹性

影响弹性城市人居环境生态弹性的有两个重要的因素:气候变化和城市化。生态弹性与社会、经济相互影响和制约,在这个过程中,城市或地区出现自然栖息地破碎化、

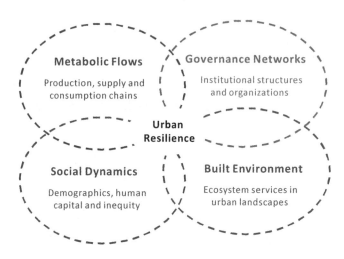

图 2 - 6 弹性城市建设的四个关联主题（RA, 2007）

图片来源：Resilience Alliance, RA. Urban Resilience Research Prospectus［R/OL］. ht-tp://www. resalliance. org/index. php/urban_resilience, 2007 - 02 - 11.

物种同质化等现象,降低了居住地的生态弹性,使得生态环境变得更加脆弱。生态弹性主要是为了实现人与自然环境的协调发展,生态系统是人类社会经济活动的基础条件,为人类活动服务,并提供所需的自然资源。同时,生态系统还要吸收和消化人类活动的各种排放物和废弃物,通过生态系统调节降低碳排放功能、调控气候变化、控制洪涝灾害等(Alberti, 1999)。这既是生态环境系统与人类活动系统之间相互作用的关系(PIRACHA et. al, 2003),同时也是社会经济发展与生物物理之间的相互磨合的过程(Alberti, 1999)。人居环境正是生态环境系统和人类活动系统共同作用的结果。很多学者通过研究城市形态、城市蔓延扩张、土地利用模式等时空演化过程(Roarke et al. , 2006; Pickett et al. , 2001; Anderson et al. , 2007; Colding, 2007)探寻城市格局与生态弹性之间的关系。比如城市在兴建大型公共基础设施时,必然会对城市整体格局、生态系统产生影响,如何平衡他们之间的关系,是生态弹性研究的内容之一。而探究人居环境的生命周期,找到人居环境系统的跨越阈值(Ernstson et al. , 2010),也是生态弹性研究的另一个重要内容。在人居环境系统中,有慢变量和快变量两种,慢变量推动系统跨越阈值(Zeeman, 1977),而快变量的增长则代表短期的繁荣,因此只有慢变量的增长才能真正促进社会经济的发展,增强城市的竞争力。科技水平、城市化水平、经济发展速度、社会文化进步以及气候变化等都是城市的慢变量,也是影响城市人居环境发展的关键因素。

2.6.2 工程弹性

工程弹性主要指的城市基础设施系统、社会服务系统能够在自然灾害和极端事件中发挥有效作用,促进城市快速恢复的能力。人居环境的工程弹性(McDaniels,2008;Allenby et al.,2005),应具备防灾减灾应急设施、坚固的公共基础设施,以确保城市的经济、社会等方面能正常运行。供水、供电、医疗卫生、通讯设施等公共基础设施,如具备较好的弹性,那么当灾害和极端事件发生时其就能起到至关重要的作用。弹性基础设施如果能经受各类干扰和冲击,则可减少灾害和极端事件,同时还能通过快速减少灾害所带来的损失,避免城市部分功能的退化和紊乱,并在最短时间内做出反应,满足当务之急。

因此,对弹性城市人居环境基础设施弹性的提升,一方面要通过法律政策来约束;另一方面,要通过物联网、遥感等技术和设施的建设,改善和提升基础设施对于极端事件的应对能力。

2.6.3 经济弹性

经济弹性主要从经济地理和城市规划的视角出发,采用与生态弹性相关的评价指标来研究和分析城市的经济和产业系统的弹性(Rose,2004)。经济弹性涉及居住系统和宏观经济的不同方面,当个体或社区受到外来冲击时,采取一系列的灵活策略来应对或避免潜在的损失(Martin et al.,2007;Pendall et.al.,2010)。经济弹性更加关注油价峰值对未来城市各种经济活动和生活的影响,但也同样强调气候变化是城市面临的主要危机之一(Pike et al.,2010)。弹性城市的人居环境经济弹性应包括四个方面的内容:①居住区常住人口均受过良好的教育或技术培训;②城市或社区具备较宽敞的活动空间和便捷的商贸场所;③允许经济多样化在城市或区域内存在,服务业和高新技术产业占比较大,没有衰退产业和污染产业等存在或遗留;④适应居住。如果这四个方面都具备,则表明城市的人居环境经济系统具备较好的弹性(Polèse,2010)。特别是弹性城市人居环境系统应重视和具备自供给能力,食物、燃料、水、电等日常的生活用品和服务等能够尽量在当地或邻近区域内实现,减少对外界的依赖,具备自给自足的能力。

2.6.4　社会弹性

社会弹性是研究弹性城市人居环境的新兴主题,主要研究不同个体或社会群体组织结构的脆弱性(Turner,2010;Berkes,2007;Miller,2010)。城市的个人或社会群体会因为社会环境变化遭受各种压力或变故,从而造成谋生的困难以及保障的降低,而弹性旨在提高个人或社会群体面对压力或变故的抵抗能力。但社会弹性一般更多指的是社会层次上的抗压能力,而非个体层次(Adger,2000),如果一个城市或区域拥有较多的社会资本,则该城市或区域的社会弹性能力就越强。对于社会弹性的研究,主要集中在两个尺度:时间和空间。如通勤时间以分钟计,股票市场动荡以天或周计,房价周期循环以月或年计等,这些事件看似偶然,实则是时间的渐变,这是基于时间尺度的研究(Cutter et al.,2008)。而基于空间尺度的研究则有:基于社区层次的灾难弹性评估模型(DROP)提出了社区弹性因子评价;特定地区家庭情况的调查测量(Zhou et al.,2010);发展中国家的城市贫民社区如何制定和建立一整套机制和战略以应对危机的弹性(Chatterjee,2010);从家庭、社区和城市等不同层次评估纽约市的公共健康系统在面对突发事件或灾害时的反应能力(Rodrick et al.,2007)。

3 弹性城市人居环境评价指标体系建构

3.1　中国典型城市的选取

　　本书选取了 4 个直辖市,26 个省会城市和 5 个地级城市(计划单列市)作为中国典型城市来评估和研究中国人居环境的现状(表 3 - 1)。选取这 35 个城市的原因主要为:4 个直辖市代表主要的一线城市,分布在中国的北部、东部和中西部;26 个省会城市均为各个省的文化、政治、经济中心,能基本反映该省的现实情况和整体水平(其中拉萨市有很多数据无法获取,故此次没有选取);5 个计划单列市均为副省级城市,城市级别较高,经济发展较好,具有一定的代表性。本书对这 35 个城市进行聚类和对比研究,特别是将所选取的典型城市——长沙市人居环境的现状进行比较研究,可以更加充分、科学地展现差异化城市地区的人居环境发展特征及发展机制。

表 3 - 1　中国典型城市名称

研究对象	典型城市名称
直辖市(4 个)	北京、上海、天津、重庆
省会城市(26 个)	石家庄、太原、呼和浩特、沈阳、长春、哈尔滨、南京、杭州、合肥、福州、南昌、济南、郑州、武汉、长沙、广州、南宁、海口、成都、贵阳、昆明、西安、兰州、西宁、银川、乌鲁木齐
计划单列市(5 个)	大连、厦门、青岛、深圳、宁波

在本书选取的 35 个典型城市中,2003 年,35 个城市总人口为全国总人口的 17.6%,各城市地区 GDP 总量占全国总量的 35%;2015 年,GDP 总量占到了全国总量的 40.28%,人口总量为全国总人口的 18.73%,面积仅为全国总面积的 4.99%(表 3 - 2)。因而对典型城市的选取,将有利于研究弹性城市建设背景下中国城市人居环境的综合现状,对于全国人居环境的研究具有一定的代表性和可比性。在这 35 个城市中,几乎所有的城市都在经历快速城镇化的过程,经济的快速发展,给人居环境良性发展带来了一定的机遇,也带来了很多的负面效益(朱翔,1998)。35 个城市既有共性也有差异性,对这 35 个典型城市的研究,将可以从一定程度上反映我国人居环境的现状。

本书分别对 35 个典型城市中 2003 年和 2015 年的 GDP 和人口增长率进行了分析,见图 3 - 1 和图 3 - 2。从 2003 年至 2015 年,35 个城市中人口增长率最高的分别是深圳、合肥和厦门,达到了 115%、61% 和 44%,深圳的人口增长率在这 13 年间增长了一倍多。深圳受特区相关优惠政策的支持和倾斜,经济发展迅速,吸引了大批外来务工人员涌入。由于中国计划生育政策的实施,其余大部分城市的人口增长率都在 20% 以下。其中有两个城市的人口增长率出现了负增长,分别是哈尔滨(- 1%)和西宁(- 3%),说明这两个城市的老龄化问题越来越严重,同时由于两市为内陆地区,经济增长速度较慢,部分人口外迁,也是导致人口负增长的原因之一。

35 个城市的 GDP 增长率都很高,平均增长了 496%,其中增幅最高的城市为合肥,增长率达到了 1067%,其次是银川和长沙,增幅分别为 853% 和 816%。GDP 的涨幅在全球范围来说都是十分罕见的,经济的增长的确为人居环境的改善和提高奠定了较好的物质基础和保障,但同时由于部分地区盲目发展经济,没有进行长远规划和设计,使得资源和环境为经济的增长付出了惨痛的代价,某些地区的人居环境不但没有提高和改善,反而陷入更恶劣的境地。

表 3 - 2　典型城市基本情况(2015 年)

类别	城市(City)	面积(km²)	人口(万人)	GDP(亿元)
直辖市	北京	1442.97	1345.20	23014.59
	上海	6341	1442.97	25123.45
	天津	1442.97	1026.90	16538.19
	重庆	82374	3371.84	15717.27

（续表）

类别	城市（City）	面积（km²）	人口（万人）	GDP（亿元）
省会	石家庄	13056	1026.90	5440.599
	太原	13056	367.39	2735.344
	呼和浩特	17186	238.58	3090.52
	沈阳	12860	730.41	7272.305
	长春	20594	753.83	5530.035
	哈尔滨	53100	961.37	5751.212
	南京	6587	653.40	9720.77
	杭州	16596	723.55	10050.21
	合肥	11445	717.72	5660.27
	福州	12675	678.36	5618.084
	南昌	7402	520.38	4000.014
	济南	7998	625.73	6100.232
	郑州	7446	810.49	7311.521
	武汉	8569	829.27	10905.6
	长沙	11816	680.36	8510.133
	广州	7434	854.19	18100.41
	南宁	22235	740.23	3410.086
	海口	2304	164.80	1161.965
	成都	12121	1228.05	10801.16
	贵阳	8043	391.79	2891.16
	昆明	18419	555.57	3968.005
	西安	10097	815.66	5801.2
	兰州	13086	321.90	2095.992
	西宁	7660	201.17	1131.619
	银川	9025	179.23	1493.859
	乌鲁木齐	13788	266.83	2631.64
计划单列市	大连	12574	593.56	7731.636
	厦门	1699	211.15	3466.029
	青岛	11282	783.09	9300.07
	深圳	1997	354.99	17502.86
	宁波	9816	586.57	8003.61
合计		473567	25753.4	689052.1
占中国总量比		4.99%	18.73%	40.28%

数据来源：根据《2016 年中国统计年鉴》整理而成。

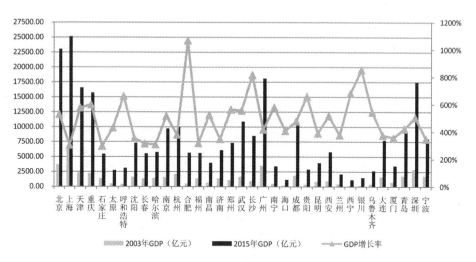

图 3 - 1　典型城市 2003 年——2015 年 GDP 增长现状图

数据来源:根据《2004 年中国城市统计年鉴》和《2016 年中国城市统计年鉴》整理得出。

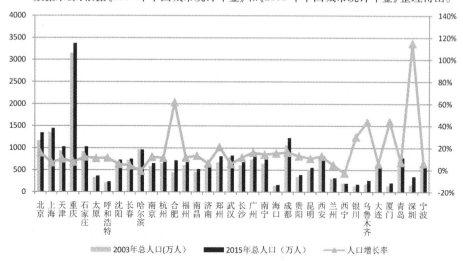

图 3 - 2　典型城市 2003 年—2015 年人口增长率现状图

数据来源:根据《2004 年中国城市统计年鉴》和《2016 年中国城市统计年鉴》整理得出。

3.2 中国典型城市人居环境现状

3.2.1 居住条件

住房是人类生存的基本需求,其优劣程度直接影响着人居环境的质量。中国在快速城镇化的进程中,房地产业成为了重点发展的行业,这使得城市居住水平得到了很明显的改善,但是,社会贫富差距和分层现象依旧存在。城市中还存在一定规模的居住困难户,住在城市中的棚户区、城中村,不少居住困难群体的居住条件亟须得到改善。居住水平的高低不能仅仅体现在人均享有的居住面积大小上,还应该反映在居住生活配套设施上,如厨房设施、卫生设施、洗浴设施和基本饮水设施等。房屋价格在某些典型城市中持续走高,给当地的居民带来了一定的生活压力。本书选取人均住房建筑面积、城市平均通勤时间和房价来对居住条件的现状进行分析:

(1)人均住房建筑面积。2003 年中国 35 个城市人均住房建筑面积为 18.81 m²,2015 年 35 个城市人均住房建筑面积为 33.41 m²,其中北京、上海、呼和浩特、南京、武

汉、广州、海口、长沙、贵阳、昆明、银川、乌鲁木齐、大连、厦门的人均住房建筑
面积均高于全国平均水平。其中以长沙的人均住房建筑面积最高,达到了
45.34m^2(2015 年),而人均住房建筑面积最低的为深圳,仅为 21.1 m^2(2015
年),见图 3 – 3。

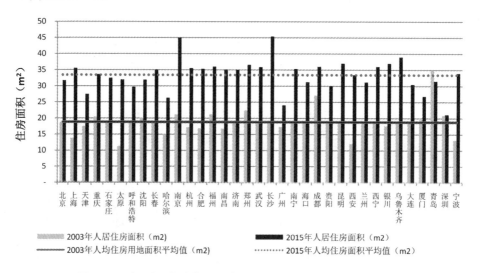

图 3 – 3　中国 35 个城市 2003 年和 2015 年人均住房面积对比图

数据来源:根据《2004 年中国城市统计年鉴》和《2016 年中国城市统计年鉴》整理
得出。

(2)城市平均通勤时间。城市平均通勤时间是直接关系城市居民出行便
捷与否的要素,此外,在自然灾害和极端事件发生时,交通可达性高,通畅、便
利的交通环境,以及较短的疏散时间,能充分体现一个城市的人居环境交通问
题是否具有弹性。根据 2015 年《中国大城市道路交通发展研究报告之三》中
关于各大城市的平均通勤时间显示,北京、上海、广州、深圳的平均通勤时间最
长,行程可靠性有待加强。35 个典型城市平均通勤时间为 39.1 分钟,平均通
勤时间最长的是上海为 56.7 分钟,最短的为西宁 28 分钟(图 3 – 4)。

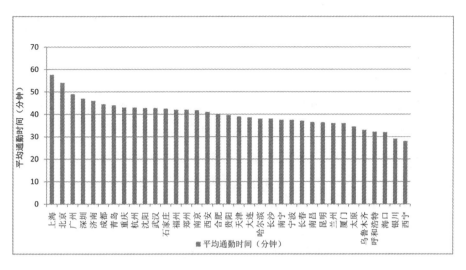

图 3-4 35 个典型城市平均通勤时间(2015 年)

数据来源:根据《2015 年中国大城市道路交通发展研究报告三》整理。

(3)房价。本书利用百度指数来反映目前中国城市居民对房价的心理感知。百度指数是指以百度海量网民的行为为数据的基础数据分享平台,是目前互联网比较常用的统计分析平台之一。它能够在一段时间内用图表的形式反映某事物的态度及相关舆情的变化。百度指数包括需求图谱、搜索指数和媒体指数等。

本书对"房价"词频来进行搜索,数据的收集日期选取的是 2011 年 1 月—2019 年 1 月(由于百度指数的数据选取有限,只能将 2011 年 1 月作为起始日期),为了更直观地知道媒体对房价的聚焦,也同时收集了媒体指数。通过数据收集和整理发现,从 2011 年至 2019 年,房价的搜索居高不下,平均搜索值均在 1000 以上,尤其在 2014 年 2 月 23 日—2014 年 3 月 5 日,搜索值在 10000 以上。而媒体对于房价的关注度也很高,其关注的次数与房价的搜索指数波动幅度几乎是一致的。

通过对需求图谱的研究发现,"房价"一词的需求度最强,其后为房价需求度最高的 10 个城市,分别为"上海""北京""深圳""南京""杭州""苏州"

"合肥""三亚""海口""广州"。这 10 个城市经济发展速度快,外来人口较多,30 岁~39 岁年龄段的人群对房价尤为关注,而男性对房价的关注占比为83%,明显高于女性。

由图 3-5 可知,在 2009 年 1 月—2015 年 1 月,房价稳步上涨,从 2015 年1 月的数据看(见表 3-3),在直辖市中,房价均价最高的城市是北京(34724元/m²);在省会城市中,房价均价最高的城市是广州(18857 元/m²);在选取的典型地级城市中,房价均价最高的城市是厦门(22879 元/m²),远远超过了选取的 26 个省会城市的房价平均值 8735 元/m²。

图 3-5   2009 年—2015 年中国典型城市房价平均值增长曲线图
数据来源:根据中国房价网整理。

表 3-3   中国主要城市 2009 年—2015 年平均房价(元/m²)

城市名称	房价(元/m²)						
	2009 年 1 月	2010 年 1 月	2011 年 1 月	2012 年 1 月	2013 年 1 月	2014 年 1 月	2015 年 1 月
北京	15051	19999	23819	22810	36299	37439	34724
上海	15404	20186	25778	23436	26818	29974	29286
天津	7820	8122	13450	11797	14631	15117	14239
重庆	4015	5405	7266	6360	7329	7527	6991

（续表）

城市名称	房价(元/m²)						
	2009 年 1 月	2010 年 1 月	2011 年 1 月	2012 年 1 月	2013 年 1 月	2014 年 1 月	2015 年 1 月
石家庄	3968	4101	6226	6011	7784	7966	8018
太原	4463	5554	6398	5743	7504	7658	7428
呼和浩特	3930	4210	5174	7398	6645	6543	6041
沈阳	4124	5494	6598	6414	7785	7722	7117
长春	3451	5020	5956	6134	6627	7001	6623
哈尔滨	5036	6162	7595	7745	7629	7344	6996
南京	5322	10154	14587	11926	17034	17789	17248
杭州	15277	16360	21353	20420	18784	18804	16268
合肥	4232	5085	6215	5973	6616	7384	7415
福州	7580	9204	11757	12529	13751	14066	13421
南昌	4369	5091	6945	5443	9417	9241	8770
济南	6455	7600	8386	9258	9607	9541	9024
郑州	4652	4545	7386	6866	8827	8894	8873
武汉	5240	6602	7862	7361	8663	8964	9054
长沙	3951	4357	6273	6154	6688	6577	6117
广州	9882	10937	14511	15148	18429	18487	18857
南宁	4500	5734	7021	6154	7449	6961	6845
海口	5037	6562	8547	6884	7636	7519	6857
成都	6035	4680	8846	7788	8907	9838	7917
贵阳	4512	4200	5688	4884	5871	6011	6006
昆明	5157	5503	8842	7538	8900	8898	8682
西安	4913	5287	7182	7281	7141	7108	6562
兰州	4580	4423	7306	6280	8579	8624	8206
西宁	3211	3200	4298	4730	5612	5756	5946

（续表）

城市名称	房价(元/m²)						
	2009 年 1 月	2010 年 1 月	2011 年 1 月	2012 年 1 月	2013 年 1 月	2014 年 1 月	2015 年 1 月
银川	3004	3669	5117	5636	5504	5289	5614
乌鲁木齐	3200	3538	5507	5187	7366	7618	7206
大连	6666	10663	11807	11703	10988	10892	9716
厦门	8519	10943	12745	11496	20481	21741	22879
青岛	8301	9751	10598	9675	11963	12438	10658
深圳	14758	22304	18353	25536	24739	24927	26901
宁波	10178	11405	16245	13286	13599	13503	11707

数据来源:根据中国房价网整理。

到 2015 年 1 月为止,我国房价涨幅前 10 位的城市分别为南京(224%)、厦门(169%)、北京(131%)、乌鲁木齐(125%)、石家庄(102%)、南昌(101%)、长春(92%)、郑州(91%)、广州(91%)、上海(90%)。改革开放以后,中国的住房条件得到了很大的改善,但目前房价的持续攀高直接影响到了人们的心理感知,房价与人们的可支配收入是否成正比,是人居环境的重要议题之一。

3.2.2　经济条件

经济条件是人居环境优劣的基础,经济的发达与否也会对人居环境产生很大的影响。经济在人居环境的发展过程中会经历不适应—适应—协调的过程,其中协调过程又会经历中等协调—优质协调的过程,协调发展度是度量环境与经济协调发展水平高低的定量指标。城市如果在经济快速发展的过程中注重人居环境的发展,不但不会使经济发展受到影响,反而会使经济发展朝着健康、良性的方向发展。

在考虑经济对人居环境的影响因素中,本书主要选取人均 GDP 的增长和恩格尔系数来反映整体的经济水平。其中,联合国根据恩格尔系数的大小,对世界各国的生活水平有一个划分标准,即一个国家平均家庭恩格尔系数大于60%,则为贫穷状态;介于 50% ~60% 之间为温饱;介于 40% ~50% 之间为小康;介于 30% ~40% 之间属于相对富裕;介于 20% ~30% 之间为富足;20% 以下为极其富裕。

图 3 - 6 显示,2003 年—2015 年中国典型城市的人均 GDP 呈现持续上升的趋势,且增长速度较快。而恩格尔系数,则恰好呈现缓慢下降的趋势,平均值基本维持在 30% ~40% 之间。根据联合国对恩格尔系数的划分标准,说明大部分城市的居民已经进入相对富裕阶段。这也说明 35 个典型城市都具备一定的经济基础,且有不断向好的趋势。根据弹性城市对经济弹性的要求中所提出的,城市需具有良好的经济态势和多样化的经济,同时应具备一定的自给能力。

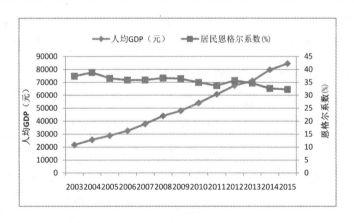

图 3 - 6　2003 年—2015 年中国典型城市人均 GDP 与恩格尔系数趋势图

3.2.3　社会条件

社会条件是一个范围很大的概念,本书在阐述社会支撑条件方面紧扣弹性城市建设的各个因素,包括教育水平、社会和谐度等两个大的方面。尤其在社会和谐度中,选取了居民都十分关注的基本保险问题、登记失业率和保障性住房覆盖率等指标。这些指标不但能提高居民的受教育程度,提升整体综合素质,同时也能体现居民的社会归属感。除了经济带来的物质支撑之外,社会精神的支撑对于现在的大多数中国居民来说更为重要。随着经济的加速发展,大多数中国家庭更加关注教育、文化底蕴、自身提升、社会贡献率等方面的问题,而作为一个宜居城市的社会支撑,应该是"以人为本",拓展社会服务的各个领域,形成能够满足各种情况的社会服务,促进人们生活、学习和工作的质量,满足人们对社会服务的个性化、均等化需求。

在中国,保障性住房主要指的为困难群体提供的限定价格、低租金或者免租金的住房,包括廉租房、安置房、经济适用房等形式。弹性城市建设的社会弹性中,明确提到了居民对社会的归属感和满足感的问题,而就目前 35 个典型城市的现状来看,大部分困难群体、农民工等虽身处大城市,却很难享受到一般城市居民的福利和待遇,这无疑降低了城市的社会弹性。而保障性住房的推行,则从住房方面提高了城市的社会弹性。改善城市居民的收入和农民工、残障人士的居住条件,是弹性城市发展的重要民生问题。2015 年底,全国保障性住房共计 5000 万套左右,保障性住房覆盖率达到了 22%。除了使困难群体有自己的住房,保障社会稳定和民生之外,保障性住房还能起到对经济的拉动作用。2011 年,保障性住房的开发投资拉动了固定资产投资增长近 7%,但随着保障性住房在建规模的不断下降以及固定资产投资的快速增长,这一促进和拉动作用也在逐年减少,到 2015 年拉动的固定资产投资增长约为 3%。

3.2.4　生态环境

生态环境是人居环境的重要组成部分,空气质量、水环境、绿化、节约能源等都与城市人居环境质量的好坏密切相关。城镇化的加速,城市自然环境的污染问题也日益突出,空气污染、水质污染、垃圾处理、土地荒漠化等都直接影响到了自然环境的良性发展。空气的污染主要来源于各种工业的污气排放、车辆尾气排放等(王建忠等,2009)。在各种有毒气体排放的同时,人们还在大量砍伐树木,城市的植物净化空气的能力远远赶不上所排放的污气,这样日积月累造成了严重的空气污染问题。而城市的绿化面积有限,居住人口越来越多,也严重影响了空气质量。

水质的污染原因和空气的污染原因基本一样,各种工厂污水的排放、生活用水的污染以及其他人为的污染、水源的污染等都可以造成对水质的污染(李建新,2000;梁增强等,2014)。中国七大水系中有42%的水质超过了三类标准,有36%的城市河段为劣5类水质,即这些水源都不能作为饮用水源,而这七大水系受污染的程度依次为辽河、海河、淮河、黄河、松花江、珠江、长江。这也意味着,全国主要河流中一半的水都不能作为饮用水。大型淡水湖泊(水库)和城市湖泊的水质有75%以上都出现了富营养化加剧,主要由氮、磷污染引起(刘丽霞等,2014;陆虹,2000)。如果再不加以整治和减少水污染,全国的饮用水源将出现严重的缺口。

本书主要选取城市空气质量的现状来分析(马丽梅等,2014)。空气质量指数(Air Quality Index,简称 AQI)是定量描述空气质量状况的无量纲指数。

表 3-4 空气质量指数(AQI)级别及对人体的影响

空气质量指数	类别	指数表示的颜色	对人体健康的影响	建议采取的措施
0~50	好	绿色	对人体无影响,基本无污染	正常活动
51~100	良	黄色	对个别敏感人群将有微弱的影响	个别敏感人群减少户外活动
101~150	轻度污染	橙色	敏感人群症状加重,健康人群也会受到刺激	儿童、老人及有呼吸道疾病的人群应减少户外锻炼

（续表）

空气质量指数	类别	指数表示的颜色	对人体健康的影响	建议采取的措施
151～200	中度污染	红色	进一步刺激敏感人群,对健康人群的心脏和呼吸道都会有影响	儿童、老年人及相关疾病患者避免长时间高强度的户外锻炼
201～300	重度污染	紫色	相关疾病患者症状加剧,运动能力降低,健康人群也出现不适症状	儿童、老年人和心脏病、呼吸道疾病、肺病患者应停留在室内,一般人群减少户外活动
>300	严重污染	褐红色	健康人群运动耐受能力降低,开始出现明显、强烈的症状	儿童、老年人及相关病人停留在室内,一般人群避免户外活动

资料来源:《中华人民共和国环境空气质量指数(AQI)技术规定(试行)》。

表 3-5 中,作者选取了 35 个典型城市 2014 年 1 月、2014 年 6 月、2015 年 1 月和 2015 年 6 月的 AQI(Air Quality Index)空气质量指数,可以明显看出,在冬季各个城市的空气质量差于夏季的空气质量,武汉、成都、长沙和郑州出现了重度污染的情况。石家庄在 2014 年 1 月出现了严重污染的情况,其空气质量综合排名在 35 个城市中也是排在最后。而空气质量综合排名在前十位的分别是海口、昆明、深圳、厦门、福州、贵阳、广州、大连、呼和浩特、宁波,其中海口的空气质量综合排名在 35 个城市中排第一,空气质量优良。从整体综合 AQI 排名来看,在选取的 35 个城市中,有接近 50% 的城市受到轻度污染和中度污染,空气质量堪忧。

表 3-5　2014 年和 2015 年中国主要城市 AQI 情况表

城市	2014 年 AQI				2015 年 AQI				平均值	综合排名
	1 月	空气质量	6 月	空气质量	1 月	空气质量	6 月	空气质量		
海口	77	良	32	好	58	良	27	好	49	1
昆明	68	良	42	好	55	良	40	好	51	2

（续表）

城市	2014 年 AQI				2015 年 AQI				平均值	综合排名
	1 月	空气质量	6 月	空气质量	1 月	空气质量	6 月	空气质量		
深圳	82	良	40	好	71	良	28	好	55	3
厦门	74	良	45	好	69	良	40	好	57	4
福州	81	良	54	良	72	良	53	良	65	5
贵阳	122	轻污	56	良	90	良	39	好	77	6
广州	119	轻污	56	良	82	良	52	良	77	7
大连	101	轻污	63	良	79	良	77	良	80	8
呼和浩特	93	良	71	良	89	良	71	良	81	9
宁波	103	轻污	56	良	110	轻污	64	良	83	10
南宁	147	轻污	53	良	97	良	43	好	85	11
银川	92	良	61	良	117	轻污	83	良	88	12
南昌	135	轻污	71	良	92	良	59	良	89	13
西宁	118	轻污	71	良	91	良	79	良	90	14
兰州	109	轻污	79	良	95	良	82	良	91	15
上海	102	轻污	66	良	112	轻污	111	轻污	98	16
青岛	132	轻污	70	良	105	轻污	86	良	98	17
太原	116	轻污	76	良	114	轻污	88	良	99	18
杭州	136	轻污	80	良	118	轻污	68	良	101	19
长春	120	轻污	69	良	139	轻污	86	良	104	20
北京	124	轻污	91	良	127	轻污	80	良	106	21
沈阳	119	轻污	78	良	145	轻污	85	良	107	22
哈尔滨	158	中污	55	良	155	中污	66	良	109	23
重庆	171	中污	56	良	159	中污	57	良	111	24
西安	174	中污	77	良	133	轻污	70	良	114	25
乌鲁木齐	159	中污	81	良	154	中污	72	良	117	26

（续表）

城市	2014 年 AQI				2015 年 AQI				平均值	综合排名
	1 月	空气质量	6 月	空气质量	1 月	空气质量	6 月	空气质量		
天津	148	轻污	90	良	135	轻污	99	良	118	27
长沙	201	重污	98	良	150	轻污	51	良	125	28
南京	166	中污	120	轻污	129	轻污	89	良	126	29
合肥	194	中污	124	轻污	134	轻污	69	良	130	30
成都	222	重污	67	良	164	中污	87	良	135	31
济南	184	中污	114	轻污	155	中污	117	轻污	143	32
武汉	227	重污	114	轻污	161	中污	73	良	144	33
郑州	165	中污	106	轻污	203	重污	119	轻污	148	34
石家庄	274	严重	123	轻污	185	中污	99	良	170	35

数据来源：作者根据中国空气质量在线监测分析平台整理得出（2014—2015）；划分 AQI 类别根据 2012 - 02 - 29《环境空气质量指数（AQI）技术规定》（试行）。

气候变化是影响生态环境的一个重要因素，它首先对与人居环境相关的其他因素产生影响，进而影响人居环境质量（王庆新等，2014；俞誉福等，1985）。气候变化主要从三个方面对人居环境产生影响（张维娟等，2006）：一是气候变化后，对所需的物质资源、生活商品以及服务等都发生了变化，使人居环境的经济条件收到了影响；二是气候变化会对已经存在的各类公共基础设施、建筑、工农业、旅游业等产生一定的影响；三是当前的气候变化使得自然灾害频发、极端天气增加，导致人口迁移、人类健康状况发生变化等，这些都会影响人居环境。例如，持续干旱、洪涝灾害、台风、沙尘暴等，常常会给人居环境带来破坏。随着气候变暖，部分地区寒冷天气减少，人们的居住环境和身体健康可以得到一定的改善，但随之而来的炎热天气会导致各种细菌滋生，疾病增多，人居环境和人们的身体健康也会受到不利的影响；气候变暖还导致海平面的上升，部分沿海地区甚至面临沉降的可能。同时，气候变化也会导致人口的迁移,直接影响人口的数量,并会直接改变对城市的公共服务和基础设施需求(赵克明等,2014)。越来越多的研究表明:几乎每一个气候带的各种居住地区都可能受到气候变化的影响,尤其是河边和海岸带的居民最易受到气候变化的影响,城市地区在暴雨多发时也会出现洪涝灾害。人类居住环境目前正面临包括空气、水、能源短缺、垃圾处理和交通拥挤等环境问题,这种困境同时也可能因高温、多雨而加剧(朱可裙等,2014)。

3.2.5 基础设施

基础设施为城市人居环境质量提供基本设备保障,是城市人居硬环境发展的基本内容之一(张小刚等,2009)。基础设施建设与投资不仅能促进经济增长,其现代化程度也能够加速中国城镇化、工业化和信息化,成为中国持续、稳定发展的强大动力(陈海威,2007),也是衡量一座城市人居环境质量的重要指标(宁小莉等,2013)。目前,中国城市基础设施建设速度加快,公共服务水平也得到普遍提高(张文忠等,2006;张跃庆等,1990)。基础设施与公共服务的快速发展是快速城镇化的体现,也是满足居民日益增长的人居硬环境和人居软环境的需求(孙德智,2010)。

基础指标有市政设施建设、通讯设施、社会服务设施等,以直辖市北京、省会城市长沙和计划单列市深圳为例,从 2000 年至 2015 年,北京市人均城市道路面积从 3.5m² 增加到 7.46 m²,每万人拥有的公共车辆数量从 10.8 辆增加到 17.31 辆,固定电话用户从 376 万户增加到 785 万户;长沙市人均城市道路面积从 5.1 m² 增加到 6.76 m²,每万人拥有的公共车辆数量从 10.3 辆增加到 19.16 辆,固定电话用户从 134 万户增加到 182 万户;深圳市人均城市道路面积从 15 m² 增加到 33.35 m²,每万人拥有的公共车辆数量从 83.2 辆增加到 89.34 辆,固定电话用户从 134 万户增加到 754 万户。诸多指标的不断增长,表明我国的基础设施与公共服务水平进步明显(杜凤姣,1998;范九利等,2004)。

而直接与弹性城市建设紧密相关的还有防灾减灾和应急设施。城市人均避难场所、无障碍设施建设率、城市防洪排涝率等都与城市在遇到自然灾害和极端天气时能否具备工程弹性直接相关。但城市在遭遇地震、疫情、洪水、水灾、爆炸等灾害或极端事件时，城市的基础设施能不能起到减灾应急的实际作用，而不是因此瘫痪，是考验一个国家基础设施条件的关键因素。按照中国现行的标准，地震应急避难场所的场地有效面积应大于 $2000m^2$，人均居住面积应大于 $1.5m^2$，而中国目前应急避难场所仍存在较大的缺口。2003 年，北京建立了全国第一个减震防灾避难场所——元大都城垣遗址公园。2011 年《北京市"十二五"时期应急体系发展规划》指出，在"十二五"期间，北京的应急避难场所将达到 300 处以上。近年来，上海、南京、天津、成都、重庆、郑州等大城市应急避难场所的建设速度也较快，但与目前快速增长的总人口相比，还有一定的缺口。同时，从国内目前现有的应急避难场所来看，大多是为了应对地震、安置受灾者所设计的。可是我们面临的灾害是多种多样、错综复杂的，因此在设计应急避难场所时应更加的多元化，而不能只针对单一的灾种。

在弹性城市建设中，城市防洪排涝率也是一个重要的指标。近年来，有多个城市都发生了特大暴雨内涝，如北京、武汉等城市，多次遭受了暴雨内涝等灾情。暴雨的发生会在不同的区域和断面，并伴随不同的洪水特征值，而内涝的原因，则多数是因为城市排水工程布局不合理、日常维护管理不善、管道排水标准不高等原因造成的。面对这样的极端事件，城市的防洪排涝设施将起到至关重要的作用，应根据不同城市的特点，因地制宜地规划防洪方案和措施，采用先进的弹性技术，以适应城市的各种要求，真正起到防洪排涝的作用。

3.3　弹性城市人居环境评价指标体系建构

3.3.1　建构依据

人居环境是个很复杂的系统,需要通过很多资料的积累和较为完善的系统数据库来进行评价,尤其是基于弹性城市建设的背景,对于人居环境评价体系的要求会更高。本书结合国际上洛克菲勒基金会关于弹性城市建设的指标体系、我国吴良镛院士《人居环境科学导论》中的相关理论和2010年"中国人居环境奖"评价指标体系,并依据实际数据的收集情况,根据指标构建原则与方法,建立城市人居环境质量评价指标体系,将我国弹性城市人居环境体系划分为居住弹性子系统、经济弹性子系统、社会弹性子系统、生态弹性子系统和工程弹性子系统五大类,并以此作为一级指标。

(1)美国洛克菲勒基金会弹性城市建设指标体系。洛克菲勒基金会关于弹性城市建设的指标体系偏向欧美国家的观念和聚焦点,他们更关注于人们的客观感受,比如生存与就业、集体认同与扶持、社会稳定与安全、有效的领导能力与管理等,有些因素虽然无法从具体的数据中获得,但却与城市居住者的感受息息相关。当居民的感受呈现积极、乐观、满足的状态时,社会的幸福感和归属感无疑是肯定的;相反,当居民的感受呈现消极、悲观并出现各种牢骚埋怨时,社会的幸福感和归属感无疑还需要继续加强。"以人为本"的城市建设人居环境体系,对政府的领导能力和管理提出了更高的要求,也是需要城市建设者们在规划和设计城市人居环境时着重考虑的问题。

(2)中国"人居环境奖"评价指标体系。"中国人居环境奖"的评价体系是对中国特色人居环境的最好诠释,也符合中国的基本国情,在经济高速发展的背景下,人们更关注经济的增长为人居环境带来的物质支撑,因此在这个评价指标体系中,住房、基础设施等有具体数据可查的客观因素成为此评价指标体系的主要组成部分。

根据世界对弹性城市建设的趋势,以及我国人居环境的具体情况,本书结合以上两个评价指标体系的部分指标和相关理论,建立了弹性城市人居环境评价指标体系(见表3-8)。既不像美国洛克菲勒基金会的弹性城市建设的指标体系过于偏重人们的主观感受,也没有像"中国人居环境奖"评价标准侧重于中国特色,本书建立的弹性城市建设背景下的中国城市人居环境指标体系中,各个指标既能较好地对应相关数据,覆盖人们切身关注的社会问题(刘生龙等,2010),同时也紧密结合弹性城市的建设内容,如防灾减灾和应急设施、社会和谐度、环境质量等二级指标,并下设相关的三级指标。

3.3.2 居住弹性子系统

居住弹性子系统主要从居住面积、交通、日常生活舒适度3个二级指标展开,分别对应7个三级指标。

人均住房建筑面积可以直接反映本地户籍人口中有房家庭的人均住房情况,主要指的房产证上标注的面积;

人口密度是单位面积土地上居住的人口数量,是衡量城市在有限土地资源约束下健康与否的重要特征;

每万人拥有的公交车数量可以直接反映居民出行的便捷度；

人均实用道路面积是城市道路总面积和城市总人口的比值，可以检验该城市道路面积是否合理；

平均通勤时间是指每天从住所到工作地所花费的时间，时间长短直接关系居民的生活便捷度，如果在自然灾害和极端天气发生时，通勤时间段的城市，其疏散的时间从理论上讲也会缩短；

医院和医疗中心（诊所）的数量与居民的健康生活息息相关，合理的布局和数量既能为居民提供基本的需求，也体现了一个城市对居民健康生活的重视度；

剧院、音乐厅和影院的数量可以体现城市对于居民综合素质的重视程度，同时也是居民娱乐身心、提高综合素质的重要场所；

食品超市数量主要指居民日常生活消费频率最多的场所，这类超市面积大概为 300 m^2 ~ 500 m^2，离住区距离近，居民平均步行 10 分钟以内即能到达，此指标很好地体现了居民在日常生活中购买高频率商品的便捷度。

3.3.3　经济弹性子系统

经济弹性子系统主要从经济结构和生活水平 2 个二级指标展开，分别对应 6 个三级指标。

人均 GDP 体现了地区产值与人口的变动情况，可以反映了一个城市居民的基本经济状况；

第三产业占 GDP 比重和第三产业就业人口占总人口比重是地区经济结构发展变化的重要指标，第三产业占比如何，直接关系到城市产业发展结构的调整、城市经济发展水平和发展类型是否合理等问题；

居民恩格尔系数是指居民对食品的消费支出占总支出的比重，如支出比重越大则居民生活水平越低，支出比重越小则居民生活水平越高；

居民人均可支配收入是反映居民家庭全部现金收入能用于安排家庭日常

生活的那部分收入,可支配收入越多,则居民除了满足基本的生存需求外还有更多的收入可用于其他支出;

城镇化率是城镇人口占总人口的比值,是城市经济发展的重要标志,也是衡量城市社会组织程度和管理水平的重要标志;

社会消费品零售总额是指社会各个行业向居民供应的生活消费品的总量。生活消费品的种类是多种多样的,包括商业、饮食业和工业等,此指标主要应用研究零售市场的变动情况,同时也是反映城市和地区经济发展是否景气的重要指标。

3.3.4 社会弹性子系统

社会弹性子系统由教育和社会和谐度两个模块展开,包括了 7 个三级指标。

教育支出在财政支出中所占的比重体现一个国家或地区对教育的重视程度以及居民享受教育资源的多少;

拥有小学及以上教育机构数量是指城市提供给居民的受教育场所,直接反映了居民受教育的机会;

基本医疗保险和基本养老保险的覆盖率是保险制度中最重要的险种之一,起到保障居民基本医疗和基本生活的作用;

社会保障及就业支出占财政支出的比重是保障公民的基本生存发展需要而必需的政府管理手段,可直接反映政府财政支出的合理性(张善余,2003);

登记失业率是直接反映城市失业率的数据,及时了解失业人员的比例和信息,从某种程度上有助于减少极端事件的发生,维持社会的稳定;

保障性住房覆盖率的形式以包括廉租房在内的公共租赁住房、包括经济适用房在内的政策性产权房和各类棚户区改造安置房等实物住房保障为主,同时结合租金补贴,重点解决部分群体居住困难的问题。

3.3.5　生态弹性子系统

生态弹性子系统是城市人居环境的基础部分,本指标体系主要由环境质量、绿化和节约能源三个模块展开,包括了 9 个三级指标。

空气质量优良率是反映城市空气质量的指数,空气质量的高低直接凸显人居环境是否健康的问题;

年平均气温是城市是否宜居的直接体现,但随着现在科技的发达和室内温度控制系统的广泛运用(张卷舒等,2006),气温对宜居有影响,但影响不再像以前那么明显(王晓云等,2013);

城市地表水环境质量主要是为了防治水环境污染,保证人体健康;

城市区域噪声平均值是指城市建成区内经过认定的环境噪声网格检测等效声级算术平均值;

单位 GDP 能耗是反映能源消费水平和节能降耗状况的主要指标,此指标对弹性城市建设中节约能源起到了很重要的作用,也能说明一个城市经济活动中对能源的利用程度是否合理;

可再生能源使用比例是综合考虑地区或城市可再生能源有效利用水平的指标;

节能建筑比例是指遵循气候、节能的设计和建造理念,结合群体和单个建筑的朝向、间距、太阳辐射和外部空间环境等因素,设计出的低能耗建筑所占总建筑数量的比例;

绿化覆盖率是绿化植物的垂直投影面积占城市总用地面积的比值,也是衡量一个城市绿化水平的主要指标;

人均公园绿地面积是城镇公园绿地面积的人均占有量,这些都是衡量一个城市绿化水平的主要指标(张林洪等,2002)。

3.3.6　工程弹性子系统

作为弹性城市建设的人居环境指标系统,面对越来越多极端事件的发生和全球气候变化所带来的自然灾害的频发,公共基础设施子系统具有非常重要的作用,这些设施都将为城市在极端事件发生后快速、有效地恢复有序状态发挥重要的作用。此子系统由防灾减灾和应急设施、通讯设施、社会服务设施三个模块组成,包括了 11 个三级指标。

城市人均避难场所面积是指城市应对突发事件,具有应急避难生活服务设施,可供居民紧急疏散、临时生活的安全场所的面积;

无障碍设施建设率是指为保障残障人群、老年人、儿童、孕妇等社会成员通行安全和使用便利,在城市基础设施中所配备的无障碍通道、电梯、洗手间、盲文标志等相关设施;

城市防洪排涝率指的是城市在防洪排涝减灾中的基础设施所能发挥作用的能力;

城市公共消防基础设施完好率是指基本的防范和初期火灾的基础设备,对保障消防安全和防止爆炸等意义重大;

互联网普及率是反映一个国家或地区经常使用因特网的人口比例,也是衡量一个国家或地区的信息化发达程度(王园园,2006;祝卓,1991);

有线电视网覆盖率是电视媒体价值评估最基础的元素,也反映出电视媒体发布的信息在实际上能触达的区域范围和受众群体;

拥有固定电话和移动电话的数量体现了城市通讯的畅通度;

城市"三废"的排放处理,能体现城市对于废弃物处理的重视程度,也是城市环境健康发展的基础(孙志芬等,2007)。

3.4　指标体系的建立和权重

每个模块指标对本模块的影响程度、每个子系统对系统整体的影响程度都不同(李雪铭等,2007)。本书采用层次分析法(Analytic Hierarchy Process)即 AHP 法(Simon et al.,2004),由美国运筹学家 Saaty 提出,是一种用于权重分析决策的一种多层次的研究方法。本书利用 SPSS 软件计算出模块指标的权重,提高系统评价的准确度,避免众多指标的混淆。这种方法被广泛运用于各类指标系统的建立和评价中,尤其针对解决复杂系统中多层次的情况(樊彦芳等,2004)。

3.4.1　层次分析法

(1)建立递阶层次结构

通过建立层次结构可以将一个复杂问题分解为许多简单元素,这些元素彼此联系,且较高层次的元素对下层元素起支配作用。

(2)建立各阶层的判断矩阵 A

$$A = (a_{ij}) \qquad (3-1)$$

式中,a_{ij} 表示要素 i 与要素 j 相比的重要性标度,标度定义见表3-6。

表3-6　判断矩阵标度定义

标度	含义
1	两个要素相比,同样重要性
3	两个要素相比,前者比后者稍重要
5	两个要素相比,前者比后者明显重要
7	两个要素相比,前者比后者强烈重要
9	两个要素相比,前者比后者极端重要
2、4、6、8	上述相邻判断的中间值
倒数	两个要素相比,后者比前者的重要性标度

数据来源:赵静,《数学建模与数学实验》,北京:高等教育出版社,2000。

表3-7　平均随机一致性指标

n	1	2	3	4	5	6	7	8	9	10
R.I.	0	0	0.52	0.89	1.12	1.26	1.36	1.41	1.46	1.49

数据来源:赵静,《数学建模与数学实验》,北京:高等教育出版社,2000。

③ 计算一致性比率 $C.R.$

$$C.R. = \frac{C.I.}{R.I.} \tag{3-2}$$

根据公式,当 $C.R.$ 的值小于 0.1 时,则认为矩阵的一致性是可接受的。反之,则应该对判断矩阵做出适当的修改,使其满足条件。

3.4.2　指标权重的确定

本书将指标权重分为三大部分,其一是子系统(一级指标)及权重,二是二级指标层权重,三是不同要素(三级指标)层各个具体指标的权重。根据前文所述,本书所用的指标权重确定方法为层次分析法,通过计算可以得到所需的所有指标权重。弹性城市理念的中国典型城市人居环境指标体系及其权重如表 3 - 8 所示。

表 3 - 8 **基于弹性城市建设的中国城市人居环境评价指标体系及其权重**

一级指标及权重	二级指标	三级指标及权重	指标属性
居住弹性子系统 0.210	C1. 居住面积 0.073	D1. 人均住房建筑面积(m^2/人)0.0485	+
		D2. 人口密度(人/ m^2)0.0245	±
	C2. 交通 0.078	D3. 每万人拥有公共汽车数量(个)0.023	+
		D4. 人均实用道路面积(m^2)0.023	+
		D5. 平均通勤时间(分钟)0.032	—
	C3. 日常生活舒适度 0.059	D6. 医院和医疗中心数量(个)0.028	+
		D7. 剧院、音乐厅和电影院数量(个)0.015	+
		D8. 食品超市的数量(个)0.016	+
经济弹性子系统 0.230	C4. 经济结构 0.119	D9. 人均 GDP(元)0.043	+
		D10. 第三产业占 GDP 比重(%)0.039	+
		D11. 第三产业就业人口占总人口比重(%)0.037	+
	C5. 生活水平 0.111	D12. 居民恩格尔系数 0.023	—
		D13. 居民人均可支配收入(元)0.036	+
		D14. 城镇化率(%)0.031	+
		D15. 社会消费品零售总额(万元)0.021	+
社会弹性子系统 0.165	C6. 教育 0.048	D16. 教育支出在财政支出中所占的比重(%)0.024	+
		D17. 拥有小学及以上教育机构数量(个)0.024	+
	C7. 社会和谐度 0.117	D18. 基本医疗保险覆盖率(%)0.023	+
		D19. 基本养老保险覆盖率(%)0.023	+
		D20. 社会保障及就业支出占财政支出的比重(%)0.026	+
		D21. 登记失业率(%)0.014	—
		D22. 保障性住房覆盖率(%)0.031	+

（续表）

一级指标 及权重	二级指标	三级指标及权重	指标 属性
生态弹性 子系统 0.154	C8. 环境质量 0.053	D23. 空气质量指数 0.019	−
		D24. 年平均气温（℃）0.009	±
		D25. 城市地表水环境质量（%）0.013	+
		D26. 城市区域噪声平均值（db）0.012	−
	C9. 绿化 0.043	D27. 绿化覆盖率（%）0.022	+
		D28. 绿地面积（公顷）0.021	+
	C10. 节约能源 0.058	D29. 单位 GDP 能耗（吨标准煤/万元）0.021	−
		D30. 可再生能源使用比例（%）0.018	+
		D31. 节能建筑比例（%）0.019	+
工程弹性 子系统 0.241	C11. 防灾减灾 和应急 0.096	D32. 城市人均避难场所面积（m²）0.030	+
		D33. 无障碍设施建设率（%）0.015	+
		D34. 城市防洪排涝率（%）0.028	+
		D35. 城市公共消防基础设施完好率（%）0.023	+
	C12. 通讯设施 0.066	D36. 互联网普及率（%）0.018	+
		D37. 有线电视网覆盖率（%）0.015	+
		D38. 每万人拥有固定电话数量（个）0.015	+
		D39. 每万人拥有移动电话数量（个）0.018	+
	C13. 社会 服务设施 0.079	D40. 燃气普及率（%）0.023	+
		D41. 生活污水处理率（%）0.028	+
		D42. 生活垃圾无害化处理率（%）0.028	+

*权重的计算采用四舍五入的原则进行最终录入。

4 城市建设与人居环境交互耦合关系分析

4.1　城市建设与人居环境交互耦合的概念

　　耦合是指两个或两个以上系统通过各种相互作用、彼此影响的现象（黄金川等，2003）。本书把城市建设与人居环境两个系统通过各自的耦合元素产生相互作用、彼此影响的现象定义为城市—人居环境耦合。城市建设包括多维内涵：人口、经济、空间、生活质量等，最终的目标是要提升城市的生活水平，而经济是实现目标的基础，人口增长和空间控制是其过程表现。人居环境包含五个要素：人、自然、社会、居住和支撑网络。人是主题，自然是载体，社会推动人的进步，而居住则是人的基本生存条件，支撑网络则是推动社会经济发展和提升人居环境整体质量的各种动力。因此，城市建设和人居环境的耦合关系其实也就是城市建设多维内涵与人居环境五要素之间非线性关系的综合。

4.2 城市建设与人居环境耦合的数理规律性
分析

4.2.1 环境库兹涅茨曲线

由美国经济学家西蒙·史密斯·库兹涅茨提出的人均收入水平随着经济发展过程与分配公平程度之间出现有规律的曲线变化——倒"U"型曲线。1991年,在北美自由贸易区谈判中,美国经济学家担心墨西哥的环境问题会影响到北美地区,以此提出了环境污染与经济增长之间呈现倒"U"型曲线的关系,这也就是环境库兹涅茨曲线假设(Environment Kuznets Curve,简称 EKC)(Grossman et al.,1994)。之后,哈佛大学国际发展研究所验证了该曲线,并提出了不同收入期的环境质量特征值(低收入期、转折期和高收入期)。环境质量随着收入增加而退化,当收入水平达到一定程度后,环境质量会随之改善,哥伦比亚大学的科恩也作了进一步的验证(张俊军等,1996)。

"环境库兹涅茨倒 U 型曲线"的数学表达式如下:

$$Z = m - n (x - p)^2 \qquad (4-1)$$

式中 Z 为生态环境恶化程度;x 为人均国民生产总值;m 为环境阈值,$m > 0$;$n,p > 0$。

库茨涅兹曲线假设在没有环境政策干预的前提下,在快速城市化以及经济增长的初期,资源密集型产业占主导地位,对资源的需求大且直接,也对环境造成了较严重的污染,特别是在经济起步初期,因为清洁技术水平不高,环境意识淡薄,环境的污染随着经济的发展将越来越严重。当经济发展到一定水平后,知识密集型和服务型产业得到发展,清洁型技术水平不断提高,人们对环保的意识不断增强,环境污染也随之减轻。当经济增长到时间 t' 时,环境污染最大,t' 是环境库兹涅茨(EKC)曲线的拐点 m,从时间 t' 到时间 t,环境污染逐渐减少,经济增长依旧显著(图 4-1)。

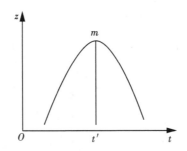

图 4-1 经济增长与环境污染库兹涅茨曲线

4.2.2 城市化与经济发展间的"对数曲线"

从经济学角度来看,城市化是人口和经济向城市集聚的结果,也是空间体系下的经济过程。城市化水平在一定的阶段与经济发展程度是存在很大一致性的。美国地理学家选择 95 个国家的 43 个指标进行主成分分析,结果显示,城市化与经济增长存在相关性(Berry,1965)。城镇化水平与经济发展程度之间是一种粗略的线性关系(Northam,1975)。随后,美国人口咨询局调查了151 个国家的城市人口资料,进一步证实了两者之间存在正相关关系(1981)。

我国学者一般用城镇人口所占总人口的比重来代表一个城市的城镇化水平(周一星,1982),人均 GDP 代表经济的发展水平,在对世界 157 个国家和地区进行相关统计和分析后显示,城市化水平与经济增长的关系是对数曲线关系(许学强等,1998)。

$$y = a \lg x - b \qquad (4-2)$$

式中,y 为城镇人口占总人口比重(%),x 为人均 GDP(美元/人)。

4.2.3 城市建设与生态环境的交互耦合数理规律性解析

城市建设与生态环境的耦合关系曲线正是环境库兹涅茨倒"U"型曲线和对数曲线的逻辑复合。从代数学可以导出这一逻辑复合过程。

$$Z = m - n(10^{\frac{y+b}{a}} - p)^2 \qquad (4-3)$$

式中,Z 为生态环境指标;y 为城市化水平;m 为生态环境阈值;a,b,p 为非负参数。

从 4-3 中可以看出城市化与生态环境的耦合函数为幂函数和指数函数叠加而成的复合函数,由此可以定量分析城市化与生态环境间的耦合规律为:

$10^{\frac{y+b}{a}} < p$ 时,即 $y < a \lg p - b$ 时,生态环境随城市化水平的提高而逐渐恶化;

$10^{\frac{y+b}{a}} = p$ 时,即 $y = a \lg p - b$ 时,生态环境的恶化程度达到最大阈值 m;

$10^{\frac{y+b}{a}} > p$ 时,即 $y > a \lg p - b$ 时,生态环境随城市化水平的提高而逐渐好转。

4.2.4 从几何学推导出城市化与生态环境间的耦合曲线

从几何学来推断城市化和生态环境之间的耦合关系曲线,主要基于二者共同的经济坐标轴。分别将库兹涅茨倒"U"型曲线和对数曲线画在同一个坐标系的第二和第四象限。然后分别从两条曲线上引水平和垂直辅助线向第一象限投射,将经济轴消去后,即在第三象限生成一条城市化与生态环境耦合的关系曲线(图 4-2)。该曲线被重点的拐点分为两个部分:前一部分单调增,后一部分单调减,但两部分都是指数曲线。同理,拐点前,生态环境随城市化水平的提高而不断恶化;拐点后,生态环境随城市化水平的下降而逐渐好转。
但此曲线不能一概而论,只是描述城市化水平和生态环境之间关系的大尺度
和长时期的一般规律,具体到某个区域和时段,还存在其他规律的可能。

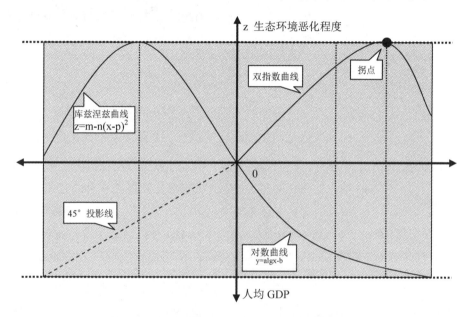

图 4 - 2　城市化与生态环境交互耦合曲线

　　第一方面是指弹性城市的建设主要是解决在灾难事件或者极端事件发生
时,城市所出现的衰退甚至崩溃时面临的问题,而在遇到以上事件时,城市的
生态环境恶化也超过了其安全阈值,此时,城市化在连续曲线上产生分叉,图
中用虚线表示,这也是本书研究的弹性城市人居环境的表现之一;另一方面是
指城市化与生态环境协调耦合,即城市化与生态环境关系越过拐点后进入协
调发展阶段。

4.3　城市建设与人居环境耦合的时序规律性分析

城市化与生态环境的耦合关系除了从空间尺度上进行研究外,还可以从时间序列上分析两者之间在同一条时间轴上的变化规律,这对制定城市化发展路线和生态环境政策具有理论和实践意义。

美国学者对美国四个州 160 年的城镇化过程研究后发现,城市化发展的时间曲线是一条被拉平的 S 型曲线。我国学者对英国、美国和苏联进行研究分析,指出城镇化过程曲线反映的阶段性和导致城镇化发展的社会经济结构变化的阶段性与人口转换的阶段性密切联系(周一星,1984)。按照与前面相同的分析方法,可将城市化过程曲线与生态环境的耦合曲线复合,这样即可生成生态环境随时间变化的趋势线。

按照产业更替的规律可把人类文明分为三个时期:农业文明时期、工业文明时期和第三产业文明时期。

(1)农业文明时期。经济和城市建设进步都很缓慢,两者之间基本无矛盾,对生态环境破坏较小,但受到自然条件的限制较多,人类在此阶段靠农业生产而生存。

(2)工业文明时期。18 世纪以后,步入了工业文明阶段,第一产业比重下降,第二产业上升显著,第三产业比重逐步上升,城镇化在此时逐渐展开。同时,工业文明又可分为三个阶段:起飞阶段、发展阶段和完成阶段:①起飞阶段,农业占比大,农村人口多,城市化水平不高,农业较少使用农药和化肥,生态环境较稳定,对生态环境的破坏比较小。②发展阶段,工业化初具规模,城镇发展对农村人口的吸引力越来越大,导致大量人口涌入城市,经济和人口的聚集带来的生产污染和生活污染迅速增加。此时城镇用地增加需要不断占用农村用地,导致农业只能向生态条件差的地域转移,无形中加重了对生态环境的破坏。工业比重在发展阶段先升后降,尤其在快速发展时期,对生态环境的破坏速度也很快。③完成阶段,人口不断向城市聚集,这一时期,城市的经济实力已较高。人们的环保意识不断增强,清洁技术水平提高,环境政策日益受到政府和相关环保部门的重视。城市基础设施建设出现高峰,城市生产污染开始下降,并最终使生态环境过程曲线越过峰值后开始下降。

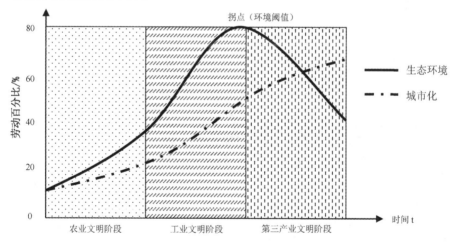

图4-3　城市化与生态环境交互耦合的时序规律性图解

(3)第三产业文明阶段。第一产业比重继续下降,第三产业持续上升,信息产业、新材料、新能源产业不断兴起,替代了部分物质资源,减少了对资源的消耗和生产的污染(甄峰等,2002;年福华等,2002;张晓东等,2001)。同样,这种时序规律的曲线也只是一种大尺度、长时期的一般规律,不可能像图中描述的那么圆滑,在特殊时期可能会出现逆转或无规律可循。

4.4 弹性城市建设与生态环境耦合模型的设计

借鉴物理学中的耦合度概念和耦合度系数的相关模型,推广运用到多个系统之间、多个要素之间,建立相互作用耦合度模型,公式如下:

$$O = [f1(x)^k \cdot f2(y)^k] / [\alpha f1(x) + \beta f2(y)]^{2k}$$

$$(4-4)$$

式中,$f1(x)$ 是城市建设综合评价得分,$f2(y)$ 是城市生态环境系统综合评价得分,α 和 β 为调整系数,根据两个子系统的重要程度确定,此处取 $\alpha = \beta = 0.5$,而 k 是参数,通常由评价指标的个数来决定,这里取 $k = 5$(居住、经济、社会、生态和工程)。因此公式为

$$O = 2[f1(x)^5 \cdot f2(y)^5] / [f1(x) + f2(y)]^{10}$$

$$(4-5)$$

O 表示城市建设与生态环境的耦合度,$f1(x)$ 和 $f2(y)$ 的计算方法是:x 表示城市建设指标,包括 x_1,x_2,x_3……x_n,共计 n 个指标,y 表示城市生态环境指标,包括 y_1,y_2,y_3……y_m,共计 m 个指标。经过标准化处理后各个指标的评价分值分别为:

当指标 x_i 和 y_i 为正向指标时:

$$x_i = x_i / \lambda_{max} \quad y_i = y_i / \lambda_{max} \qquad (4-6)$$

当指标 x_i 和 y_i 为负向指标时：

$$x_i = x_i/\lambda_{\min} \quad y_i = y_i/\lambda_{\min} \quad\quad (4-7)$$

其中, $f1(x) = \sum_{i=1}^{n} w_i x_i^1 \quad f2(y) = \sum_{j=1}^{m} w_j x_j^1 \quad\quad (4-8)$

w_i 和 w_j 表示指标 x_i 和 x_j 的权重。

设定弹性城市建设与生态环境的耦合度为 O [0,1],若 O 接近 1,则表明耦合度最大,说明弹性城市建设与生态环境之间的耦合良好,整个系统朝着有序的方向发展。反之,若 O 接近 0,则耦合度最小,系统内部的各要素之间处于无相关状态,系统发展较混乱(王庆育,2004)。

当 $O \le 0.3$ 时,表示弹性城市建设与生态环境之间的耦合度水平较低,此时城市建设水平较低,对生态环境破坏较严重,但还能承载城市建设对生态环境的破坏。当 $0.3 \ge O \ge 0.5$ 时,城市化建设与生态环境处于对抗时期,城市建设进入快速发展时期,人口增多,资源消耗严重,而生态环境承载力水平下降。当 $0.5 \ge O \ge 0.8$,城市化建设与生态环境进入磨合阶段,此阶段,城市化水平高于 50%,城市居民对于居住质量和生态环境都提出了较高的要求,居民对环境保护和资源消耗的意识越来越强,越来越关注生态环境的反作用和生态环境所带来的生活质量问题。当 $O \ge 0.8$,则说明城市建设与生态环境进行高水平的耦合阶段,他们之间相互促进,相互补充,促进整个系统的发展(胡伏湘,2012;李伯华等,2015)。而根据区域发展周期性的规律,由于极端事件、自然灾害、政策措施等原因,耦合阶段会不断地进步或退化。

表 4-1　弹性城市建设与生态环境发展耦合度类型

耦合度	耦合等级	耦合情况
$O \le 0.3$	低水平期	城市发展与生态环境基本同步,耦合度低,城市建设处于初级阶段,城市发展超出生态承载力,不协调
$0.3 \ge O \ge 0.5$	互相抵抗期	城市发展速度加快,勉强保持在生态环境承载范围内,两者关系勉强协调

（续表）

耦合度	耦合等级	耦合情况
$0.5 \geqslant O \geqslant 0.8$	磨合期	耦合度良好,城市发展与生态环境发展同步,并能在生态环境承载范围内,基本协调
$O \geqslant 0.8$	协调发展期	耦合度极高,城市建设与生态环境已经达到比较理想的状态,但应保持城市发展的速度,不能太超前,以免超出生态环境的承载力范围

根据耦合度的公式,其中 $f1(x)$ 城市建设主要选取综合评价指标体系(表 3-8)当中的经济弹性子系统指标,生态环境 $f2(y)$ 则主要选取生态弹性子系统的指标,运用 SPSS 软件对原始数据进行数据标准化,通过线性加权法得出 $f1(x)$ 和 $f2(y)$ 的值,从而计算出 2003 年到 2015 年城市建设与生态环境之间的耦合度 O。

表 4-2　中国典型城市建设与生态环境耦合程度

年份	$f1(x)$	$f2(y)$	O	耦合情况
2003	0.4874	0.1717	0.2717	低水平期,城市发展超出生态承载力,不协调
2004	0.5032	0.1842	0.2974	低水平期,城市发展超出生态承载力,不协调
2005	0.5378	0.2017	0.3145	互相抵抗期,城市发展速度加快,与生态环境勉强协调
2006	0.5931	0.2326	0.3473	互相抵抗期,城市发展速度加快,与生态环境勉强协调
2007	0.6033	0.2453	0.3753	互相抵抗期,城市发展速度加快,与生态环境勉强协调
2008	0.6371	0.2712	0.4126	互相抵抗期,城市发展速度加快,与生态环境勉强协调
2009	0.6594	0.2916	0.4448	互相抵抗期,城市发展速度加快,与生态环境勉强协调

（续表）

年份	$f1(x)$	$f2(y)$	O	耦合情况
2010	0.6954	0.3089	0.4487	互相抵抗期,城市发展速度加快,与生态环境勉强协调
2011	0.7081	0.3239	0.4743	磨合期,城市发展在生态环境的承载力范围内,基本协调
2012	0.7191	0.3326	0.4841	磨合期,城市发展在生态环境的承载力范围内,基本协调
2013	0.7453	0.3521	0.5031	磨合期,城市发展在生态环境的承载力范围内,基本协调
2014	0.7592	0.4033	0.6114	磨合期,城市发展在生态环境的承载力范围内,基本协调
2015	0.8154	0.4921	0.7295	磨合期,城市发展在生态环境的承载力范围内,基本协调

从表4-2中,从2003年—2015年,城市建设与人居环境耦合大致出现了三个阶段:低水平期、互相抵抗期和磨合期。

2003年—2004年为低水平期阶段,城市发展速度处于初级阶段,完全没有考虑对人居环境的影响,两者之间是不协调的。1998年以来,由于受到亚洲金融危机冲击和国内通货膨胀趋势的压力,中国经济一度回落。通过坚持扩大内需,加快经济结构调整等一系列政策调整,经济自主增长的机制在这一时期开始增强,对外扩张政策的依赖程度也逐步降低,对自然资源的依赖依然很大,城市建设和人居环境的发展难免会产生矛盾,处于不协调阶段。

2005年—2010年为互相抵抗阶段,城市发展速度加快,勉强保持在生态环境可承载范围之内,两者关系勉强协调。城市建设的速度逐步加快,人们对人居环境发展的要求越来越高,既盼望城市建设能带来更好的人居环境,又难免会给原有的人居环境带来一定的影响。尤其在城郊结合带,城市的扩张,既使得这部分地区的居民获得了更好的生活环境和机会,同时也改变了他们原来的人居环境。在这种发展和矛盾并存的阶段,两者相互抵抗,但基本维持在生态环境的可承载范围内。

2011年—2015年为磨合期阶段,城市化发展基本保持在生态环境的承载力范围内,两者基本协调,呈现出良好的平衡发展态势。其中2015年的耦合值为0.7295,接近协调发展期,可预测未来两者的关系将朝着高级耦合的趋势发展,同步、协调地进入一个新的发展阶段。

5 弹性城市人居环境综合质量测算和空间分异特征分析

在建立以上弹性城市人居环境指标体系后，我们首先选取中国35个典型城市进行人居环境整体评价分析，包括以4个直辖市、26个省会城市和5个计划单列市作为研究区域。本书以2004年至2016年《中国统计年鉴》《中国城市统计年鉴》以及各市级政府统计公报作为主要数据来源，运用SPSS对相关数据进行处理和分析。从2003年至2015年，随着经济速度的不断加快，人口密度的不断增大，我国的人居环境在此时出现了一系列的问题，特别是自然环境恶化。同一时期，由于城镇化的不断加速，从农村转移到城市的人口增多，社会问题频现，尤其是主要城市的居民居住区，成为了问题频现的地区之一。

5.1　评价方法

　　本书对城市人居环境进行认识和评价时,对其优劣情况进行科学的定性描述和定量分析,运用主成分分析法客观地对多个指标进行综合评价,应用 SPSS 软件对数据指标进行降维处理,突出影响评价结果的重要因子,客观得出 35 个城市的人居环境指数。而聚类分析方法则可以对 35 个城市进行分类比较,以便更好地对城市个体之间、城市类之间进行比较分析。因此,采用主成分分析法和聚类分析法相结合的方法对人居环境进行综合评价,能全面地评价 35 个城市的人居环境,并针对住房条件、社会经济、自然环境和公共基础设施的现状进行分析。

5.1.1　数据标准化

　　将 35 个城市的 42 个三级指标的数据录入 SPSS 软件,采用 Z-score 数据标准化处理(公式 5 – 1 和 5 – 2),此方法适用于在最大值和最小值未知、或有超出范围的离群数据情况下。Z_a 主要针对正向指标,Z_b 主要针对负向指标, X_i 是原始数据,$\min X$ 是指标 i 的最小值,$\max X$ 是指标 i 的最大值,如果指标越大越有利于系统的发展,则用公式 5 – 1,

反之则用公式 5 - 2。

$$Z_a = \frac{X_i - \min X}{\max X - \min X} \qquad (5-1)$$

$$Z_b = \frac{\max X - X_i}{\max X - \min X} \qquad (5-2)$$

5.1.2 主成分分析法

主成分分析(Principal Components Analysis)是一种常用的基于变量协方差矩阵对信息进行处理、压缩和抽提的有效方法(Chen,2013)。一般取累计贡献率大于80%的主成分(Xu,2004),主成分载荷矩阵中的数据除以主成分相对应的特征值开平方根,得到主成分中每个指标所对应的特征向量,由特征向量和所对应的指标标准化数据加权求和,便可得到基于主成分分析法的人居环境综合评价分值。通常将 N 个指标作线性组合,降维成新的综合指标。常用的指标是利用 C1(第一个综合指标)的方差进行表达,方差越大,C1 所表达的信息越多,方差最大值即为第一主成分。若 C1 不能完全代表原 N 个指标的信息,则再考虑 C2 作为第二主成分,以此类推,主成分的数学表达模型如下:

$$\begin{cases} C1 = a_{11}ZX_1 + a_{21}ZX_2 + \cdots + a_{p1}ZX_p \\ C2 = a_{12}ZX_1 + a_{22}ZX_2 + \cdots + a_{p2}ZX_p \\ \qquad\qquad \vdots \\ Cp = a_{1m}ZX_1 + a_{2m}ZX_2 + \cdots + a_{pm}ZX_p \end{cases} \qquad (5-3)$$

公式 1 中,$a_{1i}, a_{2i}, \cdots\cdots, a_{pi}(i=1,2,\cdots,m)$ 为 X 的协方差矩阵的特征值所对应的特征向量,$ZX_1, ZX_2, \cdots, ZX_p$ 为原始变量标准化值。

我们运用 KMO 和 Bartlett 方法对人居环境指标体系各因素之间的关联和权重进行检测,得到该值为 0.844。根据该检测的原则:

0.00—0.49   不适合;

0.50—0.59 不太适合;

0.60—0.69 勉强适合;

0.70—0.79 适合;

0.80—0.90 很适合;

0.90—1.00 非常适合。

根据图 5-1 KMO 和 Bartlett 的检测结果,可以得到此指标体系的建立很合理,并适用于主成分分析。

KMO and Bartlett's Test

Kaiser-Meyer-Olkin Measure of Sampling Adequacy		.844
Bartlett's Test of Sphericity	Approx. Chi-Square	1224.352
	df	465
	Sig.	.000

图 5-1 KMO 和 Bartlett 检测

由图 5-1 KMO 和 Bartlett 的累积贡献率可以看出,前 9 个主成分的累积贡献率为 83.827%,按照累积贡献率大于 80% 即适宜选取的原则,选取前 9 个主成分,以及 9 个主成分的方差。

根据 35 个城市 40 项指标的标准化数值,我们可以分别计算 35 个城市的 9 个主成分的得分:$F_1, F_2, \cdots\cdots, F_9$,如表 5-2 中 35 个城市的主成分值。

$$\begin{cases} F_1 = v_{1-1}z_1 + v_{1-2}z_2 \cdots\cdots + v_{1-32}z_{32} \\ F_2 = v_{2-1}z_1 + v_{2-2}z_2 \cdots\cdots + v_{2-32}z_{32} \\ F_3 = v_{3-1}z_1 + v_{3-2}z_2 \cdots\cdots + v_{3-32}z_{32} \\ \qquad\qquad\vdots \\ \qquad\qquad\vdots \\ F_9 = v_{9-1}z_1 + v_{9-2}z_2 \cdots\cdots + v_{9-32}z_{32} \end{cases} \qquad (5-4)$$

表 5 - 1　总方差（2015）

Component	Extraction Sums of Squared Loadings			Rotation Sums of Squared Loadings		
	Total	% of Variance	Cumulative %	Total	% of Variance	Cumulative %
1	9.623	30.071	30.071	5.863	18.322	18.322
2	5.411	16.910	46.981	5.850	18.283	36.604
3	2.754	8.607	55.588	3.785	11.830	48.434
4	1.989	6.217	61.805	2.286	7.145	55.579
5	1.878	5.868	67.673	2.078	6.495	62.074
6	1.585	4.953	72.626	2.042	6.382	68.456
7	1.378	4.306	76.932	1.772	5.538	73.994
8	1.145	3.579	80.511	1.692	5.287	79.281
9	1.061	3.316	83.827	1.455	4.546	83.827

Extraction Method：Principal Components Analysis

表 5 - 2　35 个城市的主成分值（2015 年）

城市	F1	F2	F3	F4	F5	F6	F7	F8	F9
北京	18.194	7.219	10.475	0.389	−0.053	1.245	−1.030	0.795	0.283
上海	23.121	5.983	0.652	1.742	0.401	−3.090	0.662	−0.873	−0.653
天津	9.869	8.498	−5.336	−6.558	−1.161	−1.776	0.052	−0.252	−0.720
重庆	2.745	17.644	−4.775	0.359	2.128	2.540	0.197	−0.662	1.292
石家庄	−7.654	5.536	−0.591	2.765	−1.001	2.411	−2.536	−0.784	0.095
太原	−3.978	−3.267	−0.242	−0.307	1.032	−0.881	−0.148	0.710	0.387
呼和浩特	−9.280	−2.980	1.062	−0.444	−2.431	−0.493	−2.986	−2.829	−1.133
沈阳	−1.937	−0.216	0.253	0.750	−1.443	−0.073	−1.335	−0.465	0.188
长春	−7.012	0.622	−0.063	−0.593	−1.658	−0.799	−0.485	0.478	0.575
哈尔滨	−4.811	3.127	2.702	−0.672	0.560	−0.603	−2.550	0.063	1.470
南京	4.494	−2.752	3.046	2.457	−2.223	−1.413	4.066	−0.956	1.297
杭州	3.080	−1.730	0.151	0.170	0.048	0.427	0.612	0.952	−0.625

（续表）

城市	F1	F2	F3	F4	F5	F6	F7	F8	F9
合肥	-4.601	0.705	-0.390	0.674	-0.175	0.435	0.396	2.177	1.170
杭州	-5.470	-1.352	-1.982	2.253	1.104	1.920	1.105	-0.350	-0.505
南昌	-6.817	-1.346	-2.710	1.458	-0.949	0.525	-0.198	0.507	-1.233
济南	-1.445	-1.380	1.671	0.395	-2.208	0.648	-0.312	0.970	-0.755
郑州	-3.017	1.662	-2.471	0.601	-1.760	-0.926	0.324	1.469	0.367
武汉	2.449	2.189	0.510	-0.177	-1.998	-0.764	0.384	1.800	0.524
长沙	-4.395	0.642	-0.404	0.861	-3.673	2.043	1.639	0.238	-2.757
广州	16.831	0.642	0.740	0.839	2.159	-1.599	-0.278	-0.970	-2.775
南宁	-6.714	1.257	-0.508	2.933	1.241	0.625	1.325	-1.578	0.064
海口	-4.629	-5.381	-0.118	0.999	6.013	-2.574	-0.715	0.416	-0.573
成都	1.930	6.566	-1.933	-0.028	0.185	-0.693	0.654	-0.535	0.546
贵阳	-4.503	-2.809	-0.887	0.448	2.264	0.031	-1.014	0.914	0.025
昆明	-4.625	-0.498	0.896	0.917	3.156	1.944	0.594	0.516	-0.555
西安	-1.359	2.361	0.447	0.241	0.939	-0.587	-0.254	0.942	0.627
兰州	-9.709	-0.968	4.948	-6.748	2.278	3.064	1.692	-0.165	-1.012
西宁	-10.875	-3.193	0.562	-1.607	0.473	-1.304	1.503	-1.377	1.902
银川	-6.076	-3.510	1.376	-1.594	-1.306	-1.906	-0.647	-0.663	0.611
乌鲁木齐	-7.583	-2.267	0.854	-0.271	0.055	-0.150	0.893	-2.840	0.647
大连	-0.909	-2.783	0.693	-0.108	-1.301	-0.719	-1.614	0.876	0.300
厦门	3.834	-9.389	-2.613	0.101	0.570	-0.518	-0.279	0.899	-0.385
青岛	-1.676	-1.637	-2.100	-0.599	-0.227	-0.599	-0.626	0.552	-0.363
深圳	32.481	-14.775	-3.436	-1.006	-0.312	3.794	-0.909	-0.883	1.728
宁波	0.044	-2.420	-0.480	-0.639	-0.727	-0.187	1.819	0.908	-0.054

　　根据35个城市的9个主成分得分,以及表5-1每个主成分对应的贡献率值,可计算35个城市的综合得分F。以北京市为例,F = 0.183F1 + 0.182F2 + 0.118F3 + 0.071F4 + 0.065F5 + 0.064F6 + 0.055F7 + 0.053F7 + 0.045F9,根

据主成分的综合模型可以计算得出 35 个城市的综合主成分值,并对 35 个城市的综合主成分进行排序。

上海、北京、深圳、广州和重庆排在前五位,其中包括了 3 个直辖市城市、一个特区城市和一个省会城市,经济较发达,人口综合素质较高。排在最后五位的城市分别为西宁、呼和浩特、兰州、乌鲁木齐、银川,这 5 个城市都位于西部内陆地区,可见,虽然国家已经在加大西部开发的力度,并给予很大的支持,但由于地理位置较偏远、经济基础薄弱等原因,5 个城市的人居环境综合指数较低。

同以上步骤将 2003 年的基本数据导入到 SPSS,得到前 9 个成分贡献率为 82.654%(表 5-3),按照累积贡献率大于 80% 的提取原则,提取前 8 个主成分,以及 8 个主成分的方差,根据公式 5-4 进行计算,得出 2003 年 35 个城市的综合主成分值(表 5-4)。

表 5-3　总方差（2003）

Component	Extraction Sums of Squared Loadings			Rotation Sums of Squared Loadings		
	Total	% of Variance	Cumulative %	Total	% of Variance	Cumulative %
1	10.994	34.356	34.356	8.085	25.265	25.265
2	5.488	17.150	51.507	6.540	20.437	45.702
3	2.377	7.428	58.935	2.467	7.711	53.413
4	2.050	6.406	65.341	2.356	7.362	60.775
5	1.665	5.204	70.544	2.294	7.170	67.945
6	1.370	4.281	74.826	1.648	5.149	73.094
7	1.325	4.139	78.965	1.537	4.804	77.898
8	1.180	3.689	82.654	1.522	4.755	82.654

Extraction Method: Principal Components Analysis

表 5 - 4 35 个城市的主成分值(2003 年)

城市	F1	F2	F3	F4	F5	F6	F7	F8
北京	21.44175	11.36234	8.121396	1.748564	3.1645407	4.99598886	0.590636	2.235819
上海	31.88186	14.45652	10.50495	3.71351	8.1046422	1.03884586	-3.26611	-0.56213
天津	6.92569	0.857344	0.712089	-1.13718	0.0019315	-0.7364312	-0.6868	-0.01585
重庆	12.34496	-6.22551	-6.47983	-1.80671	-6.642208	-0.8432303	-3.31873	0.012497
石家庄	-0.49106	-4.50953	-4.09573	-2.91663	-1.805415	-0.855337	-1.18974	3.918919
太原	-4.6179	-2.46416	0.444984	-4.3515	-0.370517	0.19658123	-1.28141	-0.11693
呼和浩特	-7.56426	-2.84281	-0.60072	-3.23549	-3.227189	1.84528675	-0.26263	0.288364
沈阳	-0.42513	-1.67727	0.905544	-4.79004	0.8228298	1.36998361	0.954538	-1.7989
长春	-5.21194	-5.15399	-1.53404	-1.55631	0.1866368	-1.3246801	1.120821	-0.21244
哈尔滨	3.229006	-3.68409	-0.38327	-3.86503	-3.324272	-1.6507127	-3.6106	2.549522
南京	2.027211	3.215613	2.443147	1.149594	3.0480735	0.0330195	1.250769	-1.33168
杭州	0.000118	0.943744	-0.04231	1.06116	1.3328819	1.0543361	1.130459	0.650311
合肥	-6.15765	-2.79859	-1.91533	-0.62243	0.2735632	0.0598444	0.245785	0.546783
杭州	-2.36949	-3.32218	-2.21375	3.38927	0.6033121	-2.4159723	1.55189	4.384851
南昌	-4.44417	-3.31868	-2.69532	-0.0509	2.862903	-0.5983388	-1.26806	-0.36266
济南	0.004679	1.084958	-1.46686	-0.53371	-0.977159	1.70980298	1.182637	-0.99561
郑州	-2.43157	-1.72158	-1.66035	-0.47201	-0.420557	-0.0815857	1.691855	0.44195
武汉	4.461438	-1.04669	1.3201	0.724642	1.4538688	-0.3251439	-0.55517	0.688821
长沙	-3.17945	-1.56122	-1.81828	-0.61829	-0.606114	2.22421742	-0.34359	-0.366
广州	10.56796	7.693512	4.770166	4.023891	3.6551789	1.43697688	0.222321	-1.72181

（续表）

城市	F1	F2	F3	F4	F5	F6	F7	F8
南宁	-5.55095	-5.34497	-3.81699	2.748078	-1.905669	1.62257911	-2.36898	0.407703
海口	-9.12681	-3.65707	0.463394	3.50143	-0.353696	1.62088345	1.743833	-1.9749
成都	1.73301	-1.96749	-2.06101	1.050895	-1.39468	-0.6496011	2.020165	-0.70232
贵阳	-5.4645	-4.56036	-1.93508	-0.50628	-0.909176	-1.3041116	-1.51656	-0.49593
昆明	-5.17048	-2.71324	-1.48647	0.598789	-1.197454	0.7426954	0.772841	-0.31366
西安	0.012732	-2.66817	-0.74278	-0.12496	-0.736783	1.55196903	-1.43736	0.432611
兰州	-6.06313	-3.40686	-0.77675	-3.9658	-3.486694	-1.4925956	-0.66888	1.838023
西宁	-8.31027	-6.74953	-2.29446	-4.65757	-3.295126	0.10093255	-1.41744	0.715179
银川	-9.27944	-3.15167	-1.41371	-0.23913	-4.807723	0.12513951	-0.89552	-0.42105
乌鲁木齐	-5.64645	-1.17645	3.348661	-1.62423	-3.847843	1.22399096	-0.50746	-1.9914
大连	-1.86604	0.061397	0.599173	-0.66745	1.3250758	-0.2016277	0.858004	-3.40064
厦门	-5.47443	2.609106	1.03316	3.720373	2.3559329	-4.3528758	1.508595	-1.13783
青岛	-2.08174	-1.17743	-2.05917	0.746056	0.4397453	-3.1437504	4.324868	1.280653
深圳	8.7635	34.31748	8.329881	7.635539	7.9706694	-1.5432474	3.259476	-1.90263
宁波	-2.46707	0.297473	-1.50446	1.929893	1.7064476	-1.4338452	0.165575	-0.56764

由 2003 年主成分分析和计算的结果显示,深圳、北京、上海、广州、天津排在 35 个城市的前 5 位,其中包括 3 个直辖市(其中上海和天津既是直辖市也是沿海城市)和 2 个沿海城市,这 5 个城市经济基础较好,地理位置优越、交通便利,对外开放程度高,人居环境指数较高。而海口、兰州、长春、南昌和合肥排在后 5 位,这 5 个城市中 3 个为中西部城市,1 个为海岛城市,1 个为东北部城市,海口虽然自然环境较好,也是中国空气质量指数(Air Quailty Index)最好的城市,但经济基础薄弱,交通条件较单一,导致人居环境指数综合排名低。

表5-5 全国35个城市弹性人居环境指数(2003—2015年)

城市	2003年	2004年	2005年	2006年	2007年	2008年	2009年	2010年	2011年	2012年	2013年	2014年	2015年
北京	9.113	7.447	6.538	6.307	6.039	5.385	6.701	5.607	6.902	6.451	7.628	6.271	7.670
上海	12.544	10.305	8.847	8.937	9.099	8.465	10.364	8.605	7.439	7.799	8.490	5.774	7.975
天津	1.825	2.129	1.017	1.408	1.318	1.981	1.955	1.254	1.581	0.959	1.290	3.183	3.351
重庆	0.536	1.288	1.667	0.881	1.995	2.388	2.232	1.734	3.519	3.113	3.027	3.764	3.699
石家庄	-1.621	-1.420	-1.531	-1.405	-1.587	-1.278	-1.506	-1.132	-1.295	-1.446	-1.413	-0.428	-1.318
太原	-2.040	-0.990	-1.064	-1.821	-1.073	-1.815	-1.829	-1.625	-0.885	-1.414	-1.483	-1.591	-1.740
呼和浩特	-2.912	-2.641	-1.607	-2.480	-2.543	-2.891	-2.060	-1.803	-1.643	-2.526	-2.395	-2.402	-3.665
沈阳	-0.643	-0.030	0.107	-0.130	0.521	0.426	0.522	-0.030	0.636	0.188	-0.796	-0.408	-0.707
长春	-2.614	-1.823	-1.783	-1.515	-1.597	-1.190	-1.489	-1.762	-1.661	-2.146	-2.368	-1.301	-2.167
哈尔滨	-0.627	-0.886	-0.935	-1.141	-1.809	-1.687	-1.431	-1.488	-0.912	-1.593	-1.402	-0.994	-0.783
南京	1.659	2.044	1.643	1.845	0.959	1.639	1.382	1.047	1.082	1.465	1.204	-0.654	1.285
杭州	0.503	0.323	0.929	1.457	1.350	1.575	1.560	0.758	1.157	1.738	0.758	0.601	0.721
合肥	-2.261	-2.006	-1.902	-1.811	-1.805	-1.808	-1.942	-0.989	-1.746	-1.851	-1.229	-0.652	-1.111
福州	-0.997	-0.769	-0.946	-0.429	-0.926	-0.845	-1.581	-1.167	-1.641	-1.390	-2.119	-0.570	-1.726
南昌	-1.916	-2.212	-1.558	-1.483	-1.748	-1.161	-1.566	-1.724	-1.839	-1.785	-2.070	-1.389	-2.481
济南	0.098	0.294	0.266	-0.763	-0.639	-0.484	-0.470	-0.232	-0.698	-0.636	-0.868	-0.587	-0.601
郑州	-1.061	-1.296	-0.583	-0.903	-0.958	-0.447	-0.661	-0.733	-1.039	-1.194	-0.891	0.046	-0.872

（续表）

城市	2003 年	2004 年	2005 年	2006 年	2007 年	2008 年	2009 年	2010 年	2011 年	2012 年	2013 年	2014 年	2015 年
武汉	1.162	0.549	0.447	0.301	1.043	1.101	1.132	0.805	0.755	1.738	1.039	0.541	1.083
长沙	-1.271	-1.050	-0.795	-0.983	-0.895	-0.981	-0.818	-0.691	-0.720	-0.964	-1.043	-0.282	-1.321
广州	5.171	4.412	3.976	4.057	3.620	3.837	5.019	5.262	5.078	4.785	5.664	3.437	5.194
南宁	-2.734	-2.698	-2.233	-2.395	-2.514	-2.992	-2.969	-2.248	-2.185	-1.253	-1.598	-1.407	-1.561
海口	-2.712	-3.348	-2.016	-1.607	-1.984	-2.713	-3.612	-1.811	-1.742	-2.019	-1.643	-1.370	-2.060
成都	-0.116	0.041	0.517	0.283	0.489	0.849	0.591	0.999	0.851	0.574	1.731	2.896	1.526
贵阳	-2.728	-2.555	-2.187	-2.591	-2.368	-2.595	-3.088	-2.197	-1.939	-2.580	-2.043	-1.503	-1.753
昆明	-1.957	-2.435	-1.863	-1.475	-1.661	-1.041	-1.331	-0.903	-1.388	-0.950	-1.094	-1.088	-1.034
西安	-0.630	-0.997	-0.785	-1.050	-0.488	-0.667	-0.468	-0.314	-0.019	-0.210	0.559	0.688	0.113
兰州	-2.852	-2.483	-2.396	-2.724	-3.485	-4.067	-4.136	-3.777	-3.374	-3.903	-3.941	-3.253	-2.758
西宁	-4.264	-3.766	-3.296	-3.803	-3.801	-3.460	-4.223	-4.670	-3.652	-4.036	-4.164	-3.560	-3.820
银川	-3.517	-1.789	-1.942	-2.480	-2.273	-1.854	-2.652	-2.189	-3.044	-3.758	-2.920	-2.655	-2.604
乌鲁木齐	-1.860	-2.715	-1.826	-2.282	-2.764	-3.206	-2.294	-3.324	-2.806	-2.870	-2.374	-2.648	-2.653
大连	-0.498	-0.121	-0.457	-0.440	0.194	0.249	-0.218	-0.213	-0.482	-0.484	-0.793	-1.039	-0.831
厦门	-0.533	-0.008	-0.132	0.841	0.921	1.256	0.680	1.035	0.466	1.081	0.257	-0.830	-0.638
青岛	-0.732	-0.217	-0.135	0.128	-0.248	0.694	0.140	0.233	-0.350	0.030	0.047	0.337	-1.061
深圳	10.990	9.520	6.033	9.124	9.296	6.270	8.174	7.835	5.949	8.807	7.427	3.456	7.067
宁波	-0.507	-0.095	-0.017	0.141	0.325	1.069	-0.110	-0.154	-0.353	0.277	-0.474	-0.382	-0.420

根据 2003 年和 2015 年 35 个城市的对比,北京、上海、广州、深圳这四个城市的排名一直靠前,天津、杭州、南京、厦门等东部及沿海城市人居环境综合指数高于平均水平,中西部几个省会城市武汉、长沙、西安、成都相对西部及经济不发达的城市而言,人居环境综合指数处于平均水平。综合两年的人居环境指数排名显示出由东部沿海向西部内陆递减的"东—中—西"梯度特征。但也有城市的人居环境不完全受到经济的影响,如 2013 年成都的人均可支配收入为 29913 元,而济南的人均可支配收入为 32570 元,但是成都的人居环境指数排名第六,济南排名第十七,排名相差较大,因此城市人居环境指数受到多方面的影响。比如居住条件受到交通地理区位、自然条件、水土环境等因素的影响;城市环境质量还受产业结构影响,特别是当污染型产业由经济发达城市转移到经济相对欠发达城市时,由于受到治污技术的限制和治污资金投入不足等问题的制约,导致环境的持续恶化;基础设施与公共服务也同样不仅仅只受到经济因素影响,还存在地方制度性因素的影响,如基本公共服务的均等化水平。

5.1.3 聚类分析

聚类分析(Cluster Analysis),简称 CA,聚类分析是研究多要素事物分类问题的数量方法。又称组群分析,是根据"物以类聚"的道理,对样品或指标进行分类的一种多元统计分析方法。它们讨论的对象是大量的样品,要求能合理地按各自的特性来进行合理的分类,没有任何模式可供参考或依循,即在没有先验知识的情况下进行的。是根据样本自身的属性,用数学方法按照某种相似性或差异性指标,定量地确定样本之间的亲疏关系,并按这种亲疏关系程度对样本进行聚类。

(1)城市聚类划分

运用 SPSS 软件对 35 个城市 2015 年的数据进行聚类分析,选择最长距离法结合余弦距离,将最大聚类个数设置为 5,最小聚类个数为 4。

$$\cos(x,y) = \frac{\sum\limits_{i}(X_i - y_i)^2}{\sqrt{x_i^2 \sum\limits_{i} y_i^2}} \tag{5-5}$$

35 个城市聚类为 5 类：

聚类 1：深圳、上海、广州、北京、重庆(5 个城市)；

聚类 2：天津、杭州、厦门、武汉、南京、青岛(6 个城市)；

聚类 3：成都、西安、宁波、长春、哈尔滨、郑州、长沙、石家庄(8 个城市)；

聚类 4：南昌、贵阳、南宁、昆明、银川、大连、太原、济南、合肥、沈阳(10 个城市)；

聚类 5：呼和浩特、乌鲁木齐、西宁、海口、兰州、福州(6 个城市)。

(2) 聚类城市现状分析

第一类城市：深圳、上海、广州、北京和重庆 5 座城市人居环境多项指标在 35 座大中城市中名列前茅，属于城市人居环境整体发展水平最高的城市。这些城市具备优良的区位条件和地理环境，其中深圳和广州是沿海城市，一直处于国家开发战略的领先位置；上海、北京和重庆为直辖市，既有国家优惠政策的倾斜，又是我国东部、北部和中西部的区域中心城市，在经济发展、基础设施建设、公共服务质量提升和城市居住水平上都具备了有利的基础和条件。

第二类城市：天津、杭州、厦门、武汉、南京、青岛这 6 个城市中有 1 个直辖市、3 个省会城市和 2 个计划单列市，这 2 个计划单列市的 GDP 都高于全国城市平均水平，虽然近年来经济发展趋缓，但经济基础较好，交通便利，居民受教育程度高。同时有 5 个城市也是旅游业较发达的旅游城市，其中杭州在 2016 年举办 G20 峰会，在此之前，中国政府投入了大量的人力、物力和财力改善杭州的城市建设；天津、厦门和青岛都是沿海城市，南京是中国历史文化名城，因此人居环境整体水平较高。

第三类城市：成都、西安、宁波、长春、哈尔滨、郑州、长沙、石家庄第三类城市，其中成都已经确定为中西部的中心城市，成都、西安、长春、哈尔滨、郑州、长沙和石家庄为省会城市，宁波为计划单列市，该区大部分城市为工业城市，虽受到"振兴东北老工业基地"和"支持中部崛起"政策的影响，但由于人口基数较大、第三产业发展较慢、产业结构不合理等原因,对人居环境指数产生了直接的影响,因此该类城市的人居环境指数在 0 以下。

第四类城市:南昌、贵阳、南宁、昆明、银川、大连、太原、济南、合肥和沈阳为第四类城市,这 10 个城市都为中西部省份和东北老工业基地的省会城市,尤其以中西部内陆城市居多,经济基础较薄弱,基础设施发展滞后,这些城市的支柱产业多为第一产业,资源消耗大,环境污染严重,直接对人居环境指数产生影响,得分较低。其中大连是沿海旅游城市,基础设施较好,但因为其教育支出在财政支出中的比重一直低于全国平均水平,而教育在人居环境指数中所占比重大,所以拉低了该城市整体的人居环境指数得分。

第五类城市:呼和浩特、乌鲁木齐、西宁、海口、兰州和福州这 6 个城市中有 4 个城市为西部城市,基础设施较差、经济不发达,而海口和福州虽然为沿海城市,但城市知名度不如本省的知名旅游城市厦门和三亚,影响了经济的发展,人居环境指数得分最低,在 −2 以下。

5.2　35 个城市人居环境整体趋势比较分析

在对中国 35 个主要城市进行了主成分分析和聚类分析后,我们分别选取了 35 个城市居住弹性、经济弹性、社会弹性、生态弹性和工程弹性五个方面进行 2003—2015 年共 13 年的发展态势进行分析,见图 5 - 2。

图 5 - 2 显示,无论是人居环境指数得分较高的第一类城市还是得分较低的第五类城市,在 2003 年—2015 年期间,都呈现出持续波动的态势。可见人居环境的发展趋势并不如我们所期望的,随着经济水平的提高、社会的进步以及政府对公共设施投入的不断加大,呈直线上升或缓慢上升的趋势,相反,持续波动越来越明显。再次显示了人居环境越来越受到各方面因素的影响,而不仅仅只是大众所关注的 GDP、人均可支配收入和财政投入等。

从五个大类来看,第一类城市是整体得分最高的类别,平均在 4.5 以上,从 2003 年至 2005 年人居环境指数直线下降,从原始数据进行分析,人均 GDP 增长率达到了 21.1%,但空气质量指数却下降了 30%。由此可见,在这类城市中,经济的增长使环境付出了沉重的代价。

其中,2005 年至 2011 年这 7 年间,人居环境指数一直处于波动状态,且波动异常明显,也是在这 7 年间,五座城市的房价飞速增长。以北京和上海为例,房价从均价 8077

元/m² 和 8627 元/m²飞涨至 2011 年的 22767 元/m² 和 23591 元/m²,增长率达到了 181.87% 和 173.46% ,而年人均可支配收入仅从 2005 年的 17653 元/人和 18645 元/人增加至 2011 年的 32903 元/人和 36230 元/人,增长率为 86.4% 和 94.3% ,高房价和低收入的不匹配使人居环境受到严重影响。

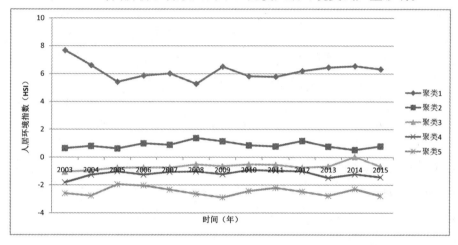

图 5 - 2　35 个弹性城市人居环境指数发展态势图(2003—2015 年)

2012 年和 2015 年,中国政府针对不受控制的房价(特别是一线城市)出台了一系列调控政策,特别是针对二手房交易的个人所得税由交易总额的 1% 调整为差额 20% 征收,至此,房价增长的速度才放缓,房价逐渐回归理性。同时北京的交通状况在这段时间越来越拥挤,平均通勤时间甚至一度达到了 97 分钟,居全国首位,而全国平均通勤时间仅为 28 分钟,这对于弹性城市的建设来说是非常不合理的。2015 年 1 月 1 日零时,北京开始试行摇号上牌,限制私家车的出行率,在一定程度上缓解了对交通的压力,但此方法治标不治本,交通的压力需要更多公共交通设施,比如轨道交通建设的加强,城市布局规划的合理设计等,真正实现城市的工程弹性。此阶段,民众开始更多地关注自然环境,政府对空气污染治理的力度也不断加大,人居环境质量将有持续回升的趋势。

第二类城市,在这 13 年间,人居环境指数虽高于全国平均水平,但一直在 1 左右波动,2003 年人居环境指数平均值为 0.6472,随后指数一直波动上升,在 2012 年达到最高值 1.6865,随后开始波动下降到 2015 年的 0.7902。从中国规划的"四纵四横"高铁线路网看,南京和杭州都处于铁路干线上,政府对城市的规划愿景直接影响城市的人居环境指数,既能促进 GDP 的增长,也为人居环境交通因素创造了优势。杭州和宁波都同属于浙江省,人均 GDP 居浙江省前两位,空气质量指数则宁波略高于杭州,其余指标基本持平,宁波虽不是省会城市,但其经济发展实力已远超国内其他省会城市。青岛也不是省会城市,但 2015 年,其地区生产总值比所在省的省会城市济南高出 33.6%,在省内显示了强大的经济实力。在这类城市中,随着城市的扩张和经济增长的加速,人居环境明显受到影响,并呈现出一定的下降趋势,如何平衡发展与人居环境之间的关系,是这类城市亟须解决的问题。

第三类城市和第四类城市中,人居环境指数得分在 -2~0 的范围内,除了天津为直辖市,大连为沿海城市以外,其余都为中部地区、西南地区和东北老工业基地各个省的省会城市,从 2003 年至 2015 年其人居环境指数基本维持不变,既没有持续波动,也没有明显的上升和下降。由于大部分城市都地处内陆地区,如其中的长春、哈尔滨、沈阳地处东北老工业基地,成都、武汉、长沙、南昌、太原、合肥是中部崛起地区六个省份的省会城市,贵阳、昆明等是西南地区的省会城市,这些城市的对外开放程度没有沿海城市高,且城市辖区内人口众多,特别是贫困人口较多,相对贫困人口占到了全国的 42%。区域内虽矿产资源丰富,但可持续利用能力不足,许多矿产资源已经基本枯竭,矿产资源的过度开采还带来了严重的空气污染问题:如郑州所在的省份河南省,SO_2 年排放量居全国第一,每千美元 GDP 排放的 SO_2 是发达国家的 7 倍多,是中国沿海经济较发达省份的 1 倍多;长沙所在的省份湖南省,酸雨频率高达 76.4%,南昌等城市的酸雨频率也高达 60%~80%;同时这些城市的社会保障覆盖面太低,参保人数远远低于经济发达地区,甚至还有下降的趋势。城市经济发展速度过快,城镇化规模盲目扩张等问题都直接影响了生态环境,带来了一系列的生态环境破坏问题,造成了人地关系的不协调,这些因素都直接影响和降低了人居环境的质量。

第五类城市是五个聚类中得分最低的,从 2003 年—2015 年人居环境平均分一直在 -2 以下,波动不明显。这 6 座城市中有 4 座都位于中国西部,西部地区经济较落后,气候条件多变,GDP 虽有增长,但由于支柱产业都是高投入、高消耗、低产出的产业,因此导致人居环境发展相对滞后,同时也表明中西部地区的城市人居环境建设仍有很大空间,需要得到更多的投入和重视。

5.3 弹性城市人居环境质量和空间差异分析

　　根据以上指标体系的建构和弹性城市人居环境指数测算,我们计算了 2003 年—2015 年的人居环境指数,选取 2003 年、2006 年、2009 年、2012 年和 2015 年五个时间段的数据,对弹性城市人居环境质量的特征和空间差异变化进行分析。

5.3.1 城市间人居环境指数差距缩小

　　从 35 个城市 5 个时间段的人居环境指数得分来看,上海、深圳、北京和广州的排名一直靠前,天津、重庆、杭州、南京、武汉的排名也比较稳定,基本位列前十位。而西宁、银川、兰州、呼和浩特、乌鲁木齐、合肥和贵阳一直排在后十位。虽然各个城市的排名在不同的年份均有变化,但基本保持在一定范围内。

　　其中,2003 年人居环境指数得分第一名的城市上海与最后一名的城市西宁,差值为 16.808,2015 年第一名城市上海和最后一名城市西宁,差值为 11.795,呈现出逐渐缩小的态势(表 5-6)。同时,数据显示,特大城市如上海、深圳、天津等,人居环境指数呈现持续下降的趋势。这也从另一个侧面说明了城市经济发展速度的加快,并不一定就会带来人居环境的提升,相反,如果盲目扩大,将会给人居环境带来更多的负面影响,不但起不到促进的作用,还会阻碍人居环境的可持续和健康发展。

表5-6　35个城市人居环境得分(2003年、2006年、2009年、2012年和2015年)

排名	2003		2006		2009		2012		2015	
	城市	HSI	城市	HSI	城市	HSI	城市	HSI	城市	HSI
1	上海	12.544	深圳	9.124	上海	10.364	深圳	8.807	上海	7.975
2	深圳	10.990	上海	8.937	深圳	8.174	上海	7.799	北京	7.670
3	北京	9.113	北京	6.307	北京	6.701	北京	6.451	深圳	7.067
4	广州	5.171	广州	4.057	广州	5.019	广州	4.785	广州	5.194
5	天津	1.825	南京	1.845	重庆	2.232	重庆	3.113	重庆	3.699
6	南京	1.659	杭州	1.457	天津	1.955	杭州	1.738	成都	3.351
7	武汉	1.162	天津	1.408	杭州	1.560	武汉	1.738	天津	1.526
8	重庆	0.536	重庆	0.881	南京	1.382	南京	1.465	南京	1.285
9	杭州	0.503	厦门	0.841	武汉	1.132	厦门	1.081	武汉	1.083
10	济南	0.098	武汉	0.301	厦门	0.680	天津	0.959	杭州	0.721
11	成都	-0.116	成都	0.283	成都	0.591	成都	0.574	西安	0.113
12	大连	-0.498	宁波	0.141	沈阳	0.522	宁波	0.277	厦门	-0.420
13	宁波	-0.507	青岛	0.128	青岛	0.140	沈阳	0.188	青岛	-0.601
14	厦门	-0.533	沈阳	-0.130	宁波	-0.110	青岛	0.030	宁波	-0.638
15	哈尔滨	-0.627	福州	-0.429	大连	-0.218	西安	-0.210	大连	-0.707
16	西安	-0.630	大连	-0.440	西安	-0.468	大连	-0.484	沈阳	-0.783
17	沈阳	-0.643	济南	-0.763	济南	-0.470	济南	-0.636	济南	-0.831
18	青岛	-0.732	郑州	-0.903	郑州	-0.661	昆明	-0.950	郑州	-0.872
19	福州	-0.997	长沙	-0.983	长沙	-0.818	长沙	-0.964	长沙	-1.034
20	郑州	-1.061	西安	-1.050	昆明	-1.331	郑州	-1.194	昆明	-1.061
21	长沙	-1.271	哈尔滨	-1.141	哈尔滨	-1.431	南宁	-1.253	合肥	-1.111

（续表）

排名	2003		2006		2009		2012		2015	
	城市	HSI	城市	HSI	城市	HSI	城市	HSI	城市	HSI
22	石家庄	−1.621	石家庄	−1.405	长春	−1.489	福州	−1.390	哈尔滨	−1.318
23	乌鲁木齐	−1.860	昆明	−1.475	石家庄	−1.506	太原	−1.414	石家庄	−1.321
24	南昌	−1.916	南昌	−1.483	南昌	−1.566	石家庄	−1.446	太原	−1.561
25	昆明	−1.957	长春	−1.515	福州	−1.581	哈尔滨	−1.593	南宁	−1.726
26	太原	−2.040	海口	−1.607	太原	−1.829	南昌	−1.785	海口	−1.740
27	合肥	−2.261	合肥	−1.811	合肥	−1.942	合肥	−1.851	贵阳	−1.753
28	长春	−2.614	太原	−1.821	呼和浩特	−2.060	海口	−2.019	南昌	−2.060
29	海口	−2.712	乌鲁木齐	−2.282	乌鲁木齐	−2.294	长春	−2.146	福州	−2.167
30	贵阳	−2.728	南宁	−2.395	银川	−2.652	呼和浩特	−2.526	长春	−2.481
31	南宁	−2.734	呼和浩特	−2.480	南宁	−2.969	贵阳	−2.580	乌鲁木齐	−2.604
32	兰州	−2.852	银川	−2.480	贵阳	−3.088	乌鲁木齐	−2.870	呼和浩特	−2.653
33	呼和浩特	−2.912	贵阳	−2.591	海口	−3.612	银川	−3.758	银川	−2.758
34	银川	−3.517	兰州	−2.724	兰州	−4.136	兰州	−3.903	兰州	−3.665
35	西宁	−4.264	西宁	−3.803	西宁	−4.223	西宁	−4.036	西宁	−3.820

5.3.2 城市人居环境指数空间差异明显

参考城市化质量的计算公式（Han et al.，2009），对 35 个城市的人居环境指数得分进行分级，一级城市（Tier 1 Cities）≥3；0≤二级城市（Tier 2 Cities）<3；−2 ≤三级城市（Tier 3 Cities）<0；−3≤ 四级城市（Tier 4 Cities）< −2；五级城市（Tier 5 Cities）≤ −3（图 5 − 4）（Lisha et al.，2017）。在 4 个时间段中，一级、二级城市集中分布在东南部地区（重庆除外，重庆为西南地区直辖市），占 35 个城市的 30% 以上，说明东南部地区整体人居环境水平高。三级、四级城市基本分布在中部地区，占 35 个城市的 66%，且这两级城市之间的差

距较小,人居环境指数在 13 年间持续波动。五级城市基本都分布在西部地区,虽占比不大,但 13 年间基本无变化,说明西部地区的城市人居环境水平发展缓慢,与东南部地区城市有一定差距。

我们分别以中国的人口密度线黑河—腾冲一线划分中国的东南部和西北部,以中国南北方的自然分界线秦岭—淮河一线划分中国的南北部。

(1)以中国的人口密度对比线黑河—腾冲一线为界(Hu Line),可以明显地看出一、二、三级城市基本都分布在该线的东南部,其中,四五级城市分布在该线的西北部,四级城市 60% 以上分布在西北部,五级城市则全部分布在西北部。说明东南部地区人口密度虽大,但更重视人居环境的建设,人居环境整体质量远远高于西北部。

(2)以中国南北方的自然分界线秦岭—淮河一线为界(Qinling-Huaihe Line),一级、二级城市中,南方城市所占比重高于北方,占到了 35 个城市的69% ,而三级城市的南北方比重相当,且比重变动也较小,四、五级城市中,则北方比重明显高于南方,占 35 个城市的 67% ,尤其是五级城市都分布在北方。这说明南方地区的城市人居环境整体比北方地区城市要好,同时南方地区城市间的人居环境差异性也小于北方。

5.3.3 中国城市的空气污染问题严重,南北差异明显

中国目前快速的经济增长主要依靠高投资,高投资往往意味着希望在短时间内获得高回报,或者短时间内达到预定目标,这势必会导致生态环境的各种污染问题,如空气污染、水质污染等,这些问题已经影响到了居民的日常生活(朱翔,1998)。35 座城市中,除了海口市的空气污染指数为好以外,其余34 个城市几乎都有不同程度的空气污染。中国城市经济发展虽快,但对资源依赖较大且较粗放,企业产能利用效率不高,这些都导致了空气污染。同时,在空间上呈现"北高南低"的特征,北方城市的空气污染指数高于南方城市,尤其以华北平原城市的空气污染最为严重。从时间上看,"冬高夏低、春秋居中",由

于冬季北方大面积供暖等原因,导致秋冬空气污染较严重,春夏相对较低。

5.3.4　城市人居环境质量与经济发展速度呈弱相关关系

　　我们用人均 GDP 来代表城市的经济发展速度,发现 35 个城市的人均 GDP 在过去的 13 年间增长了 78.2%,而人居环境指数在 2003 年至 2005 年间下降了 48.6%,之后得分一直在 0 以下,直到 2011 年才有缓慢回升的趋势。而单个城市中,上海的人居环境指数从 2003 年的 12.544 下降到 2015 年的 7.975,深圳的人居环境指数也从 2003 年的 10.990 下降到 2015 年的 7.067,分别下降了 57.3% 和 55.5%,但这两个城市的 GDP 总量在近 13 年的时间内分别上涨了 275.3% 和 504.5%。

　　可见,经济增长速度和人居环境质量呈现弱相关关系(图 5-3)。经济涨幅如此之大,在全世界罕见,但人居环境指数不但没有随着经济增长而升高,反而呈下降趋势。城市的经济发展代表了一个城市的进步,但只注重经济上量的增长,而忽略了遏制经济的非理性增长,由此带来一系列的环境问题,这也是不健康的表现。应保持城市经济的理性增长,促进经济与生态环境协调发展,达到提升城市人居环境质量的最终目的,真正使人成为经济增长的受益者。

Correlations

		Per capita GDP	Average HSI
Per capita GDP	Pearson Correlation	1	0.149
	Sig. (2 – tailed)		0.661
	N	11	11
Average HSI	Pearson Correlation	0.149	1
	Sig. (2 – teiled)	0.661	
	N	11	11

图 5 – 3　人均 GDP 与平均人居环境指数之间的相关性

5.3.5　中国特大城市的基础设施超载明显

城市基础设施和公共服务分布差异缩小,北京、上海、广州、深圳等经济较发达的城市公共基础设施较完善,但由于人口基数大、城市盲目扩张等原因导致超载明显(仇保兴,2010)。如上海的基础设施在 2007 年至 2015 年超载较严重,超载原因主要从浦东开发、快速城镇化、世博会建设等角度来解释,因为城市的快速增长往往需要依赖基础设施的建设,这无疑也给交通设施、医疗设施和教育设施带来了巨大的挑战。

5.3.6　中国各级城市人居环境指数呈现"东—中—西"的梯度特征

35 座城市的人居环境指数得分呈现"东—中—西"的梯度特征,整体上看,东部地区城市的人居环境发展水平高于中西部地区,中部地区又高于西部地区(李陈,2014)。只有在社会、经济和自然环境中找到平衡点,才能促进不同城市、地区人居环境的平衡发展和可持续发展(贺灿飞等,2004)。

6 实证研究:长沙市弹性城市人居环境现状分析和模拟仿真

6.1 长沙市与全国 35 个主要城市的比较分析

长沙市是中国湖南省的省会城市,位于中国的中南部、湖南省的东北部,介于 E111°53′~114°15′,N27°51′~28°41′之间,辖 6 个区(芙蓉区、雨花区、开福区、岳麓区、天心区、望城区),1 个县(长沙县)、代管两个县级市(宁乡市、浏阳市),80 个街道、95 个镇、14 个乡、715 个社区和 1169 个村,总面积 11820 km²。2015 年,常住总人口 680.36 万人,占湖南省总人口的 9.97%,人口密度为 575.49 人/km²,GDP 为 8510.13 亿元,占湖南省 GDP 的 26.97%,城镇化率达到了 74.38%,是一个典型的人口密度大、城镇化推进速度快,经济增长显著的中国中部省会城市(张仁开,2004)。虽然该市是长江中游地区重要的中心城市,自然资源丰富,但由于该市人口基数大,密度大,流动人口多,面临十分严峻的人居环境问题(邹容,2008)。

6.1.1 长沙市弹性城市建设的基本情况

目前国内提倡建设"海绵城市",也被称为"水弹性城市","海绵城市"与"弹性城市"有一定的相似之处,是指城市应对雨水带来的自然灾害等方面具有良好的"弹性",也是适应环境变化的一种表现。海绵城市侧重建筑、道路、绿地和水系等对雨水的吸纳、蓄渗和缓释作用。而弹性城市则囊括城市在遇到各种自然灾害和极端天气时所能发挥的作用,两者有相似之处,但弹性城市涉及的内容更广泛。

自海绵城市建设提出后,根据 2016 年 5 月由长沙市发布的《关于全面推进海绵城市建设的实施意见》,长沙将力争用 15 年左右的时间,建成我国中部地区特色鲜明、功效完善、产业健全的海绵城市典范。采取"渗、滞、蓄、净、用、排"等措施,最大限度减少城市开发建设对生态环境的影响。长沙春夏季容易发生洪涝灾害,随着海绵城市的推进,可将 70% 的降雨就地消纳和利用。在碰到强暴雨时,湘江上游汇水形成的洪水水位超过排口标准高度时,城市便会陷入内涝风险,应用海绵城市建设,将使城市像海绵一样越来越有弹性,实现"小雨不积、大雨不涝、水体不黑臭"的目标,这同时也将促进弹性城市在长沙的建设步伐。

交通问题一直是弹性城市建设的重要内容,弹性的交通能够使城市在遭遇干扰和危机时快速疏散。长沙的交通网络在近 13 年中发生了较大的变化,2003 年人均拥有使用道路面积为 $10.0m^2$,2015 年达到了 $14.43m^2$,增长了 44%,但不得不面对的是,虽然道路面积越来越大,但交通拥挤问题却越来越严重,比如橘子洲大桥、猴子石大桥、银盆岭大桥这三座离市中心最近、横跨湘江东西的大桥,以及营盘路隧道、南湖路隧道等在早晚高峰时期几乎都会面临堵车的问题,这无疑给城市的交通发展带来了诸多不便,也在无形之中限制了居民的正常出行,同时也是城市交通网络还不够弹性的表现。另外一个指标是每万人拥有的公交车数量,2003 年长沙市每万人拥有公交车数量为 9.1辆,2015 年增加到 19.16 辆,增长了近一倍,足见政府对于公共交通网络系统的不断重视和关注。随着私家车数量的不断增多,带来了越来越多的道路拥挤问题。如何改变人们的传统意识,提高公共交通工具的使用率,提升公共交通网络的便捷度,缓解城市的各种交通压力问题,这将是未来长沙构建弹性交通网络体系的重中之重。

2015 年长沙共建成 45 个地震避难场所,大部分分布在公园、学校、广场等地,长沙市民经常前往的烈士公园即是长沙市最大的避难场所。最值得关注的是长沙地铁 2 号线也采用了地震安全技术服务,为长沙市建设工程是否具备防灾减灾功能起到了一定的示范作用。长沙各级政府、学校等开展了多种多样的避难场所疏散及使用的科普活动,尤其在各中小学,还定期举办各类防灾演练,使得防灾减灾知识在广大中小学生当中得到了普及。相反,大部分成人对于避难场所的概念不太明晰,甚至也不清楚长沙的避难场所有哪些、在哪里。因此对于如何在遇到突发事件时紧急疏散和避难的问题,政府和相关部门的宣传教育工作还需加强,同时,政府和相关部门要完善相关标识、构建防灾减灾避难掌上系统,使居民能够以最快的速度获知避难场所和相关知识的信息。

6.1.2　长沙市弹性城市建设与中国典型城市的比较

我国典型城市近年来在防洪排涝、公共安全、空气污染、暴雪冰灾等方面都暴露出了很多问题,如 2008 年中国南方冰灾(2008.01)、汶川地震(2008.05)、北京"7·21"水灾(2012.07)、青岛输油管爆燃(2013.12)、京津冀城市群雾霾(2013.12)、天津滨海新区爆炸(2015.08)、湖南暴雨洪灾(2017.07)等,这些自然灾害和极端事件的发生都对城市产生巨大的负面效应,部分城市的脆弱性暴露无遗。由于气候变化的全球效应,使得世界上绝大多数城市在未来都有可能受到气候变化所带来的干扰和冲击。随着全球人口的多样性和文化的多元化发展,极端事件的发生概率也将越来越高。

以长沙频发的洪涝灾害为例,长沙几乎每两年就要发生一次或大或小的洪涝灾害,一是暴雨、二是内涝。暴雨是自然灾害所致,不能逆转,但城市可以承担风险;内涝完全是由于城市规划、管理、基础设施设置等不合理所致,可通过人为的规划或设计来降低风险。2017 年湖南特大暴雨,长沙雨量达到了452 毫米,超历史水位 0.33 米,为湖南省最大。洪灾致 83 人死亡或失踪,全省共有1223.8万人受灾,造成直接经济损失381亿元;高速公路累积发生水毁623处,阻断交通的有10处,交通运输因洪灾面临直接经济损失68.97亿元;农作物生产方面,累积受灾面积1132万亩;市政公用设施设备受损严重,部分地区公共供水、垃圾处理等甚至一度中断运行;燃气管道受损严重,引发停气现象;城市内涝,道路损毁,影响了居民的正常交通出行;电力和通信受灾严重,省电力公司、电网相关设施受到严重损坏,停电客户约232万户,损失约63197.8万元。以上这些数据,都真实地反映了长沙在遇到自然灾害时,应对气候变化所带来的影响的能力是相当脆弱的,这从某种程度上也制约了城市的生存和可持续发展。

从全国典型城市范围来看,2016年北京通州首次提出弹性城市建设,有效提升城市应对各种冲击的能力。如所有工业污染企业将淘汰退出,严格落实清洁空气行动计划,完成区范围内清洁能源的改造,实现"无煤通州"的目标,同时加强重点污染源治理;坚持公交优先,完善轨道交通网络,构建便捷高效的公交系统,推进人车分流和无车区建设;在教育医疗等民生领域,将增加4000多个小学学位;实现"津京冀医疗一体化",信息互联互通,疾病信息共享等;高标准、大力度地推进市政基础设施建设等。这一系列的举措都是为了使城市更具"弹性",有效提升城市应对各种冲击的能力。

2017年发布的《上海资源环境发展报告(2017)》从社会弹性、经济弹性、生态弹性等方面,对上海城市弹性发展的现状进行了全面分析。其中指出了经济弹性和基础设施在上海城市弹性发展中表现较好,生态弹性在上海城市弹性发展中表现较弱。同时上海的弹性城市建设还面临自然生态系统的调节能力变弱、城市排水设施难以满足发展需要、高密度城区弹性化改造更新难度大、弹性城市建设技术支撑不足等挑战。

2015年武汉提出打造弹性海绵城市;2016年,天津两个国家级海绵城市建设试点(解放南路和中新天津生态城片区)开工,预计2019年建成;2017年西安62个海绵城市项目集中开工;2017年哈尔滨在《哈尔滨市"十三五"生态

环境保护规划》中指出,推进海绵城市建设,进行城市建设转型;2018 年 1 月,
郑州市城乡规划局发布《郑州市海绵城市专项规划(2017—2030 年)》,将投
入 534.8 亿元建设海绵城市项目。

全国各典型城市都在加紧步伐开始规划和建设海绵城市或者弹性城市,
并制定相应的发展目标,各级政府部门、城市科学领域和城市规划界为了加强
对城市的发展、保持城市活力和提高城市抵抗力,也开始对弹性城市的各个要
素进行更深入的研究和实践,但仍然处于起步阶段。长沙作为中部省会城市,
与一线城市相比还有较大差距,应从理论到实践进行顶层设计,构建符合长沙
实际情况的弹性城市建设体系,使城市的弹性能力充分发挥出来,并具有更强
的可操作性。

6.1.3 长沙市人居环境与中国典型城市的比较分析

在第 5 章中国 35 个主要城市的人居环境聚类分析中,我们看到长沙被聚类
为第三类,与成都、西安、宁波、长春、哈尔滨、郑州和石家庄排在同一类。我们利
用已经得出的各城市人居环境指数,对长沙和其他 7 个城市进行比较分析。

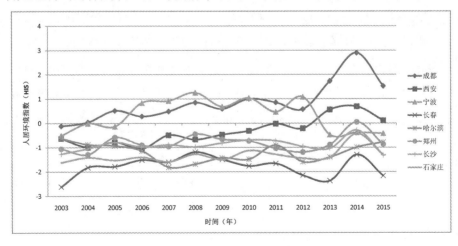

图 6 − 1　长沙与其他第三类城市的人居环境指数比较

图 6-1 中显示,聚类三城市的人居环境指数在 13 年间波动较大,且并没有呈现出明显的上升或下降趋势。其中成都在三类城市中排在前面,人居环境平均指数维持在 1 至 2 之间;排在最末的是长春,13 年间平均指数相对最低,在 -3 和 -1 之间波动不定;宁波的平均得分在 0 以上;西安、哈尔滨、郑州、石家庄的平均得分在 0 以下。长沙在第三类城市中平均得分排名靠后,得分在 -1 上下浮动,整体波动在 13 年间并不大。

从全国范围来看,长沙的人居环境指数排在 35 个主要城市的中间位置(见表 5-5),作为中国中部内陆的省会城市,长沙的各项指标优势并不明显,尤其是与评价指标体系中权重较高的几个三级指标相比。2015 年,长沙市人均住房建筑面积为 45.34m²/人,而全国的平均值为 33.41 m²/人;第三产业占 GDP 比重为 51.90%,全国平均值为 56.07%,低 4.17%,第三产业是否为一个城市的支柱产业,这既是对城市科学、文教的评价指标,同时也与自然环境的污染因素相关联,第三产发达会带来较多的就业岗位,可以降低城市的失业登记率;居民人均可支配收入作为直接衡量居民消费能力的客观指标,长沙与北京、上海、深圳等地差距较大,但同时也比全国平均值高了 6619 元;空气质量(AQI)全国平均水平为 101,长沙为 125,这也从另一个角度反映长沙的空气质量堪忧,全年出现轻度污染的天数超过三分之二,这直接对居民的健康产生影响;长沙市绿地覆盖率和绿地面积分别为 33.73% 和 10586 公顷,比全国平均值分别低了 7.61% 和 10415 公顷,这两个指标也是生态弹性的硬指标;工程弹性方面,社会保障设施中受到居民广泛关注的基本医疗保险覆盖率和基本养老保险覆盖率分别为 30.16% 和 24.53%,均低于全国平均水平 19.62% 和 22.73%。

6.2　长沙市弹性城市人居环境的仿真模拟研究

　　人居环境是一个十分复杂的系统,系统中包含诸多子系统和指标,本书在前面第 3 章构建了基于弹性城市人居环境的评价指标体系,在此体系的基础上将长沙市作为案例城市进行分析研究,运用系统动力学的方法对长沙市人居环境的未来趋势进行仿真模拟预测,结合长沙市人居环境指数在全国的位置以及综合评价提升人居环境的具体效应,为人居环境的优化和提升奠定基础。

6.2.1　系统动力学的概念

　　系统动力学(System Dynamics)是分析和研究复杂系统信息反馈的一门学科,也是认识系统内部问题并解决问题的相互交叉性的综合学科,由美国麻省理工学院福瑞斯特(Forrester,2010)于 20 世纪 50 年代提出(Jay,1994),在发展初期叫工业动力学(Industrial Dynamics),主要研究企业的劳动力使用情况、订货发货、生产、销售以及市场变化等不确定性的问题(Saeed,1996)。后来,应用范围不断扩大,涉及科研、统计等各个领域。他们研究了世界范围内人口、资源、工业和环境污染之间相互关联、相互制约、相互作用以及其产生的后果的各种可能性(Ruth,1996),认为世界范围指数式增长的势头不可能再继续下去,世界的发展将逐渐过渡到某种均衡发展的状态。由于工业化伴随着人口膨胀、资源短缺和环境污染加剧,因此从长远的战略观点看,目前不发达国家按西方先进国家的模式所进行的工业化的努力未必是完全正确的(王其藩,1994)。特别是伴随着全球经济和人口的飞速增长,最终将导致一系列的危机,比如人类生活水平下降,自然资源的耗尽等。而且,由于经济系统和人口系统相互关联,并具有一定的惯性,当人们意识到这些危机时,并不能及时控制这些危机。经济增长、土地减少、生态资源恶化,而人口还将在危机中继续增长,最终结果将会导致人类社会生活的一系列严重问题(高彦春等,1996;张雪花等,2002)。而模型模拟的结果将对人类长期生存和满意的生活水平进行预测,在过程中不断调适,最终稳定在一个相对比较低、但能与生存环境相适应的水平,这个观点促进了系统动力学的壮大和发展,同时也为后来很多学者运用系统动力学进行模拟预测提供了借鉴(李静芝,2013;谢谦,2016)。

　　有鉴于此,本书尝试运用该方法对长沙市人居环境的发展进行预测分析,该方法不仅能为人居环境的内部机理提供理论指导和模拟,同时也为今后人居环境的研究提供了一定的借鉴。将系统动力学理论引入该研究,不仅有助于从弹性城市这个大的系统的角度来建立人居环境的框架,同时还有助于综合考虑人居环境各个子系统之间的相互作用机理,并且能对弹性城市建设理念下未来长沙市人居环境的趋势进行科学的、定量的预测模拟,为政府对人居环境的调适提供重要的参考依据(钟永光等,2006)。

　　在实际运用系统动力学时,还需要了解以下三个内容:因果关系图、反馈回路、模拟与预测(施国洪等,2001;张力菠等,2008)。

　　① 因果关系图用来表示系统中变量间的因果关系,用箭头把有因果关系的变量连接起来,箭尾的变量表示因,箭头的变量表示果。

　　A→B:表示 A 是变量 B 变化的原因。A→ + B:表示变量 A 的增加引起变量 B 的增加,或变量 A 的减少引起变量 B 的减少,这是正因果关系。A→−B:则为负因果关系。

② 反馈回路是由一系列闭合的因果关系组成的,极性为正,说明包含偶数个负的因果链,作用是使回路中变量的偏差增强;极性为负,说明包含奇数个负的因果链,作用是力图控制回路中的变量趋于稳定。可见,负反馈作用并不一定不好,而正反馈回路也不一定都是好的。

③ 模拟就是在系统运行过程中模仿真实的客观事物的过程,预测是指在系统模拟完毕后,依照一定的方法和规律对未来的事物发展方向进行测算,以预先了解事物发展的过程和结果。为了实现模拟与预测,需要建立模型来仿效所要模拟的客观事物的主要构成部分,经过适当处理显示出该事物的未来发展动态。

6.2.2　系统动力学的特点

系统动力学作为一种仿真技术具有以下五大特点(Asami,2001):

① 系统动力学能容纳数千个甚至更多的变量,是一个复杂、高阶次、多变量、多时变的社会经济大系统;

② 系统动力学的研究对象主要为开放系统,运行模式主要根植于其内部的动态结构和反馈机制,强调系统的联系、发展和运动;

③ 系统动力学结合定量和定性的分析,描述系统之间、各个要素之间的因果关系,认识和把握系统的结构,并预测系统未来的动态发展趋势;

④ 系统动力学建立的模型是规范的,但可能含有半定量、半定性或定性的描述,从总体上看是规范的;

⑤ 系统动力学能够实现建模人员、决策者和相关专业人员相结合的优点,发挥人对社会系统的分析、推理、评价等能力,吸取优点,为选择最优方案和决策提供依据。

6.2.3　系统动力学模型仿真的基本步骤

系统动力学的整个建模是一个综合、集成的过程,主要包括以下步骤(Kaajncd,2005):

(1)分析问题。在弹性城市人居环境系统中,我们首先对人居环境现状进行分析,然后对未来发展进行预测。因此,首先要明确我们研究的是目前弹性城市人居环境的现状,最终目的是要解决弹性城市人居环境中存在的问题;

(2)明晰系统边界。采用系统的思考方法确定弹性城市人居环境系统的边界,根据建模的目的,汇集过去曾经研究过人居环境问题等相关的行业知识,形成定性的分析意见;

(3)结构分析。一是分析人居环境系统总体的结构关系;二是划分人居环境系统的子系统、定义变量;三是分析弹性城市人居环境系统中各个子系统变量间的关系及反馈复合关系,绘制因果关系图和系统流图;

(4)建立模型。模型构建主要有四个过程:分析系统结构、建立因果关系图、构建系统流图和建立模型方程,并结合实证分析和方程中的一些常用的参数来估计;

(5)模型的模拟。模拟是通过模型对弹性城市人居环境系统在一段时间内的运行状况进行模拟仿真。并结合系统动力学的理论进行模型模拟和政策分析,剖析弹性城市人居环境系统,寻找最适合的措施,获取更多信息,发现新的矛盾和问题。在此模拟过程中,可以根据实际情况来修改系统结构和相关参数。

(6)模型评估与运用。通过模型模拟后,适时调控参数,可得到多种仿真的方案,结合定量分析和定性分析,选择最优方案。

6.3 长沙市弹性城市人居环境系统结构及
反馈机制

运用 Vensim (Ventana Simulation Environment Personal Learning Edition)对长沙市弹性城市人居环境进行模型设计和运行(Ruth,2012)。

长沙市的弹性城市人居环境系统是由居住弹性子系统、经济弹性子系统、社会弹性子系统、生态弹性子系统和工程弹性子系统五大系统组成的。本书从各子系统相互作用和制约的关系入手,考察人居环境的层次性、时序性、动态性、边界性、可控性,确定系统边界为长沙市市域范围。构建具有多重反馈机制的因果结构,主要因果链有以下六条:

(1)总人口→ + 城镇化率→ + 城市基础设施→ + 总人口;

(2)地区生产总值→ + 人均 GDP→ + 居民人均可支配收入→ - 登记失业率→ + 地区生产总值;

(3)地区生产总值→ + 教育支出在财政支出中所占的比重→ + 拥有教育资源→ + 地区生产总值;

(4)总人口→ + 人口密度→ - 人均绿地面积→ - 绿地覆盖率→ - 环境质量→ - 总人口;

(5)地区生产总值→＋第三产业增加值→＋通讯设施→＋社会保障设施→＋地区生产总值；

(6)总人口→＋生活废污水排放量→－污染影响因子→－自然环境质量→－总人口。

其中因果链(1)这条正反馈回路表示,长沙市总人口的增长,使得人口密度在有限的地域面积内不断增大,越来越多的人涌入城市,城镇化率提升,伴随着城市人口的增多,城市基础设施完善,对人口的增长继续起到促进作用；因果链(2)这条正反馈回路表示城市经济的发展与人均可支配收入成正比,收入高,经济发展增速,登记失业率的人口也会减少；因果链(3)和(5)两条正反馈回路表示,经济发展增速也会带动社会保障设施、通讯设施的发展,同时第三产业所占比重越来越高,对教育的投入也会越来越多,人们拥有的教育资源会更加完善,这样也会促进城市居民整体素质的提升；因果链(4)和(6)两条负反馈回路表示,人口的增长会压缩人均绿地面积,导致绿地覆盖率越来越低,同时居民的污染排放物会越来越多,污染影响因素增加,这会给自然环境带来不利影响,对人口的增长起到制约作用。

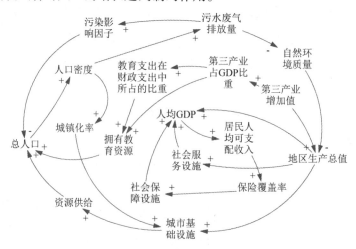

图6-2　长沙市人居环境因果关系及反馈机制图

6.3.1 居住弹性子系统

居住条件是人居环境中最为重要的因素,它直接反映一个地区或城市居民的基本生活水平,既是居民收入水平的折射,也是居民身体健康与否的表现。2015 年,长沙的人口密度为 575.49 人/km²,从 2003 年至 2015 年,人口密度基本保持稳定,增幅并不大,但无论增多或减少,按照世界人口密度的等级来划分都属于第一级人口密集区(人口密集 > 100 人/km²),这给长沙的居住条件改善和提升带来了很大的挑战(周庆年,2010)。但从另一个方面来看,随着居住条件的逐步改善,越来越多的人愿意选择来长沙居住(谭子芳,2005),而根据前面建立的弹性城市人居环境指标体系,评价居住条件状况主要涉及居住面积、交通和日常生活休闲三个方面。

表 6-1 长沙市居住条件主要情况(2003—2015 年)

指标 年份	人均住房 建筑面积 (m²/人)	人口密度 (人/km²)	每万人拥有 公共汽车 (辆)	人均实用 道路面积 (平方米)	医院和卫生 院数量 (个)	剧场影剧 院数量 (个)
2003 年	18.81	509.15	9.1	10.09	282	12
2004 年	18.8	516.44	12	12.15	258	12
2005 年	24.4	525.36	12.02	13.4	260	9
2006 年	28.29	533.89	12.68	13.62	252	8
2007 年	28.85	539.27	14.87	13.94	265	8
2008 年	28.3	545.85	13.67	13.43	252	8
2009 年	29.27	551.31	14.75	14.32	265	8
2010 年	30.88	552.13	14.75	14.48	255	8
2011 年	33.1	555.7	12.3	13.21	255	8
2012 年	33.08	559.09	12.67	12.59	254	10
2013 年	33.1	560.79	13.89	10.01	279	16
2014 年	46.7	568.22	18.18	14.44	276	16
2015 年	45.34	575.49	18.10	14.43	284	16

数据来源:根据《湖南省统计年鉴》《中国城市统计年鉴》整理。

　　长沙的居民总体居住水平得到了显著的提高,充分体现在城市人均住房建筑面积上。1978 年我国城市人均住房建筑面积仅为 $6.7m^2$,处于很低的水平,2003 年,长沙的人均住房建筑面积为 18.81 m^2,而到 2015 年已经达到了 45.34 m^2,比 1978 年全国人均住房建筑面积增长了近 5.8 倍,比 2003 年增长了近 1.41 倍。但随着城市面积的不断扩大,越来越多的农村人口涌入城市,导致人口密度也在不断增加,2003 年,长沙的人口密度为 509 人/km^2,2015 年为 575.49 人/km^2。

　　尽管人均住房建筑面积不断增大,居住水平得到了显著的改善,但由于三、四线城市人群的不断进入,使住房成为了刚性需求,长沙的房价也随之升高。2015 年 1 月,长沙的房价均价为 5948 元/m^2,而人均可支配收入仅为 3330 元/月,对于普通工薪阶层而言,可支配收入与房价是不匹配的,更不用说困难群体。由于个人收入水平的差异,部分居民特别是困难群体的居住条件并没有得到实质性的改善,城市内部出现空间分异,城中村、棚户房的现象即使是在长沙的 CBD 也是可见的。对于这部分困难群体,我们主要将其分为两类(陈映芳,2006;邓春玉等,2008):一类为城市发展中本地居住困难的群体,另一类为城市外来人口。第一类人口多数由于失业、下岗、离婚、伤残等原因,生活贫困导致居住条件无法得到改善;第二类人口有 80% 以上来自农村,在城镇化的大潮下,虽然城市给了他们更多的机会,但他们在某些方面并没有享受到与本地居民同等的福利和待遇,而大多数此类群体多集中在城市的“城中村”“棚户区”等地,这类地区住房居住面积普遍较小,居住基础设施远远不能满足居民需求,如居住建筑年代久远,采光、通风等条件差,房租和房价都较低,治安不稳定,周围居住群体较混乱等。政府虽然也提出了一系列改善保障性住房建设的措施,但只要城镇化水平不断推进,长沙以外的外来人口就会继续增多,措施的制定和实施是一个长期的过程,居住条件如何及时有效地得到保证,将会是一个持续而棘手的问题,也是弹性城市建设亟待解决的问题之一。

　　除了可以从住房面积这一类数据来直观看待长沙的居住条件外,居住配套设施和休闲生活设施也可以较好地反映目前长沙的居住条件,这就包括评价指标体系当中的每万人拥有公共汽车数量和人均实用道路面积(张建武,2006)。从数据中,我们发现从 2003 年至 2015 年,每万人拥有公共汽车的数量并没有随着人口的增多而成正比,人均实用道路面积也是一样。而医院和卫生院数量、剧场影剧院数量增长也较缓慢。这说明长沙的居住条件的改善还要进一步加强。

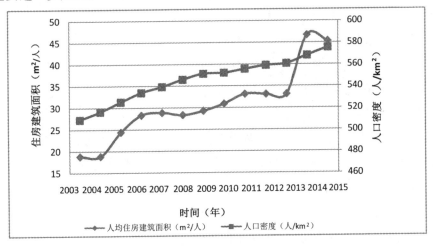

图 6-3　长沙市人均住房建筑面积和人口密度变化图(2003—2015 年)
数据来源:根据《湖南省统计年鉴》《中国城市统计年鉴》整理。

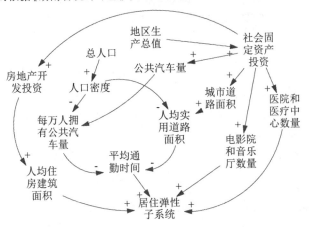

图 6-4　长沙市居住弹性子系统反馈回路图

6.3.2　经济弹性子系统

经济发展是一个城市人居环境以及弹性城市建设的最基本的支柱,也是支撑,符合经济发展规律的人均 GDP、合理的产业结构、较发达的第三产业、殷实的居民可支配收入、较高的人口就业率以及城镇化水平都是反映城市经济条件的直观指标。

2015 年,长沙市实现地区生产总值 8510.13 亿元,比上年增长了 8.76%,经济总量排在全国第十三位,总量占全省的 29.3%。按常住人口看,人均 GDP 为 115443 元,第三产业占 GDP 比重为 45.06%,产业结构比重为4.0:52.6:43.4,第一产业比重逐渐缩小。虽然第三产业无论是从产业总值还是从就业人口来说都有很大的提高,但从产业结构数据来看,第二产业还是占据主导地位,这说明长沙市的经济发展主要靠第二产业拉动,支柱产业主要为电子与信息、生物医药技术、新材料和光机电一体化、装备制造业等。如果从区域经济的发展周期来说,经济的比重应该会持续向第三产业倾斜,长沙仍需继续调整产业结构,加大对第三产业的扶持力度,保持区域产业的可持续发展。

表6-2　长沙市经济条件主要情况(2003—2015 年)

指标　　年份	人均 GDP（元）	第三产业占 GDP 比重(%)	第三产业就业人口占总人口比重(%)	居民恩格尔系数(%)	登记失业人数（人）	居民人均可支配收入（元）	城镇化率（%）
2003 年	14810	48.69	62.37	31.6	52310	9933	34.2
2004 年	18036	46.28	60.24	33.4	53805	11021	51.19
2005 年	23968	50.25	57.12	33.4	49001	12434	35.12
2006 年	27982	49.18	7.03	32.60	47673	13924	35.8
2007 年	33711	48.7	55.8	34.9	38129	16153	36.17
2008 年	45765	42.03	56.27	36.90	43939	18282	36.34
2009 年	56620	44.64	55.01	32.4	46067	20238	62.63
2010 年	66443	41.96	54.63	33.6	41335	22814	67.69
2011 年	79530	39.58	51.78	35.9	54764	26451	68.49

(续表)

指标 年份	人均GDP (元)	第三产业 占GDP比 重(%)	第三产业就业 人口占总人口 比重(%)	居民恩 格尔 系数(%)	登记失业 人数 (人)	居民人均可 支配收入 (元)	城镇化率 (%)
2012年	89903	39.61	53	35.84	58748	30288	69.38
2013年	107890	40.7%	52.61	29.5	60751	29084	67.7
2014年	107683	41.81	52.47	26.4	59065	36826	72.34
2015年	115443	45.06	51.90	26.4	34011	39961	74.38

数据来源:根据《湖南省统计年鉴》《中国城市统计年鉴》整理。

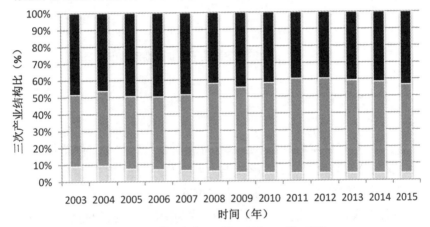

图6-5 长沙市三大产业结构比重(2003年—2015年)

数据来源:根据《湖南省统计年鉴》《中国城市统计年鉴》整理。

从就业人口来看,第三产业就业人口占总人口的比重为51.90%,登记失业人数也从2003年的52310人减少到2015年的34011人,减少了将近35%。居民人均可支配收入为39961元/人,高于全省水平20644元/人,高于全国6619元/人。城镇化率达到了74.38%,从农村人口转为城镇人口的人越来越多,长沙作为湖南省的省会城市,除了吸收了省内农村人口外,还吸收了省内地级市、县级市的城镇居民,城市的规模不断扩大,城镇化水平越来越高(郭丽,2010)。居民恩格尔系数持续走低,到2015年为26.4%,说明居民的经济水平越来越高,已经不仅仅是对温饱有需求,更是精神层面的提升。

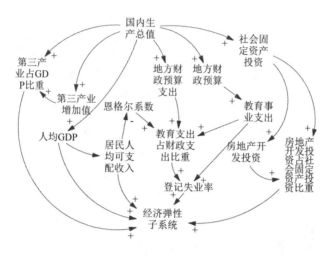

图 6-6　长沙市经济弹性子系统反馈回路图

6.3.3　社会弹性子系统

社会条件在评价指标体系中选取教育和图书馆这两个二级指标,下设四个三级指标,分别为教育支出在财政支出中所占的比重、拥有小学及以上教育机构数量、图书馆数量和每万人拥有图书馆藏书数。

教育经费投入占财政支出的比重已经成为国际权威机构衡量一个国家对教育的重视程度以及教育投入水平的重要指标之一。随着长沙市居民的综合素质和受教育程度的不断提高,政府和普通居民对于教育也日益重视。2003年我国教育经费总投入占比为 4.57%,长沙为 11.6%;2015 年,我国教育经费占财政总支出比重为 14.7%,而长沙为 18.92%,充分反映了长沙市政府和各级机构对于教育的重视,这与长沙自古以来重视教育、"惟楚有才,于斯为盛"的湖湘文化是分不开的。

但随着长沙市教育的不断推进和质量的提高,教育不均衡问题也日益受到广泛关注。作为湖南省的政治、文化、教育中心,长沙市集中了全省最好的教育资源,这也引来了周边的城乡地区、包括更远的县市的家庭,举全家之力将子女送往长沙接受教育,且近年来接受教育的年龄呈现低龄化。过去大多数是到长沙来接受高等教育,现在已经发展成初等教育,甚至是早期教育。这一方面体现了人们对教育的重视，但另一方面也导致长沙的教育资源吃紧，并随之引起了一系列的社会问题，比如学区房的房价涨幅过大，外来租房人员越来越多等。

图书馆是搜集、整理、收藏图书资料以供人阅览、参考的机构，以提高居民的思想教育、文化素质，起到丰富群众文化生活的作用。2015 年长沙市拥有公共图书馆 12 个，每百人拥有公共图书馆藏书数为 117.19 册。

当然，社会条件不仅仅只是靠几个数据就能完全说明的，还包括居民在所处城市或区域中的归属感、安全感、幸福感等。截至 2015 年，长沙已经连续 8 年稳居"全国最具幸福感城市"十强，同时也是全国文明城市、东亚文化之都、媒体艺术之都等。因为数据获取有限，在这里我们只能用以上数据来代替。但无论如何，社会条件是决定个体从精神上对所处区域或城市的人居环境认可度的基础。

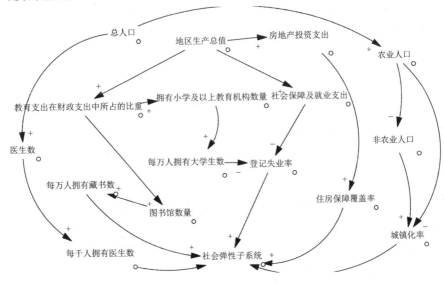

图 6 - 7　长沙市社会弹性子系统反馈回路图

6.3.4　生态弹性子系统

自然地貌、地质条件、气候、水文和野生动植物是自然环境的五个主要影响因素，人类大多数活动都离不开这些因素（刘继雄，2005）。长沙的地势起伏较大,地貌类型多样,地表水系发达。东北是幕阜山和罗霄山系的北段,西北是雪峰山,中部是长衡丘陵盆地向洞庭湖平原的过渡地带。东北、西北两端地势相对高峻,中部趋于平缓。湘江由南而北斜贯中部,南部丘陵起伏,北部平坦开阔,地势由南向北倾斜,形如一个向北开口的漏斗。东侧峡谷平行相间,有50多座山峰海拔800米以上。西有海拔800米以上的山峰13座,最高峰为七星岭,海拔1607.9米,海拔最低点为望城区乔口湛湖,海拔23.5米,最高点与最低点相差1584.4米。

长沙属亚热带季风气候,但随着气候变暖和极端天气的增多,目前的气候特征是:气候较温和,但温差大;降水较充沛,但易洪涝;雨热同期,但体感潮湿。长沙四季较分明,夏冬季长,春秋季短,夏季118～127天,冬季117～122天,春季61～64天,秋季59～69天。一般6、7、8月为温度最高的月份,平均温度在28℃以上,特别是在2013年的7月,月平均最高气温达到了36.4℃;12、1、2月平均气温均在10℃以下,月平均最低气温出现在2008年的1月;春秋季节基本维持在10℃～25℃之间。居室温度在18℃～25℃,人体感到最舒适(廖春华等,2008);温度超过35℃时,人体会感到不适和疲劳,严重者会昏厥;温度低于4℃,人体会觉得寒冷。在13年的156个月中,有40个月的平均温度是居民感到最舒适的,只占到总体的25.6%;有2个月的平均气温在35℃以上,均出现在2013年;而4℃以下的月平均温度,在13年间也只出现过三次。这表明,虽然长沙的月平均最舒适温度只占到25.6%,但是极热和极冷的天气却很少,基本是适合居住的。

长沙河网密布,水量较多,水能资源较丰富,冬天基本不结冰。年平均总降水量1422.4毫米,以地表水为主,水源充足。湘江是长沙境内最主要的河流,全年可通航,由南向北将长沙城区分为河东、河西两个部分。河东是长沙的CBD所在地,主要发展商业、金融业等;河西有着千年学府岳麓书院,也是省内知名高等院校的聚集地,主要以文化教育发展为主。除此之外,还有15条汇入湘江的支流,包括浏阳河、捞刀河、靳江河、沙河、奎塘河等。全市水能蕴藏量24.53万千瓦,地下水年总储量9.35亿立方米,为长沙市提供了丰富的水资源。

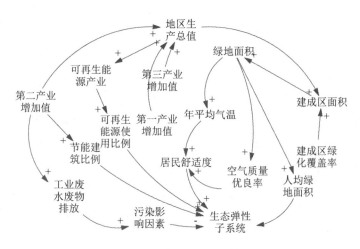

图6-8 长沙市生态弹性子系统反馈回路图

6.3.5 工程弹性子系统

在工程弹性子系统中,基础设施起到了至关重要的作用。长沙的基础设施和公共服务提升较快,主要选取防灾减灾应急、通信设施和社会服务设施三个大类,并下分11个三级指标,包括互联网宽带接入户数、有线电视网覆盖率、拥有固定电话数、拥有移动电话数、医疗卫生床位数、燃气普及率、污水集中处理率、生活垃圾无害化处理率、基本医疗保险覆盖率、基本养老保险覆盖率、社会保障就业支出占财政支出的比例。

数据来源:根据《湖南省统计年鉴》《中国城市统计年鉴》整理。

近年来,长沙的基础设施和公共服务取得了很大的成绩,包括交通、棚户房和危房改造、廉租房建设、生活配套设施等,但仍然不能完全满足居民的需要,特别是当自然灾害和极端事件发生时。如2008年,长沙遇到百年一遇的冰灾,交通中断、电力供应不足、通信中断、高速大段堵车等,这直接影响到居民的日常生活。面对这样的灾害,政府没有提前做好预案,在当时也不完全具备应付这种极端天气的能力,导致长沙遭受了极大的经济损失。而这些也说明,建立完善的基础设施体系往往需要耗费较长的时间和巨额投资。

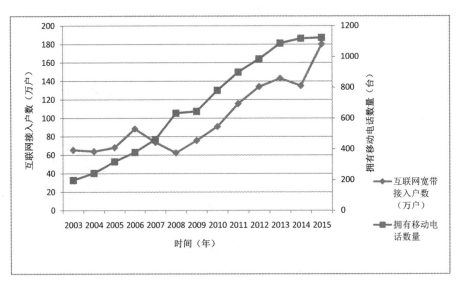

图6-9 长沙市互联网接入户数和拥有移动电话数量折线图(2003—2015年)

对于远离城市的新建、扩建项目,往往更需要优先发展(唐如辉,2010)。一个城市或区域的基础设施是否完善,是其经济是否可以长期持续稳定发展的重要基础,长沙的基础设施和公共服务体系还有待进一步完善和提升(张剑飞,2009)。

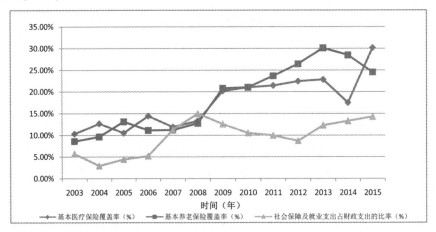

图6-10 长沙市社会基本保障覆盖率及占财政支出的比率(2003—2015年)
数据来源:根据《湖南省统计年鉴》《中国城市统计年鉴》整理。

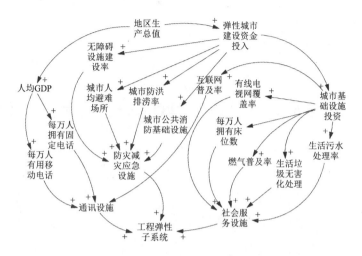

图 6 - 11　长沙市工程弹性子系统反馈回路图

2003 年,长沙市互联网接入户数为 65.4 万户,到 2013 年为 180 万户,增长了 175.23% ;移动电话的数量也从 2003 年的 196.8 万台增加到 1123 万台,增长 5.5 倍;医疗卫生床位数从 21024 张增加到 52507 张,增长了 470.63% ;与民生密切相关的基本医疗保险覆盖率、基本养老保险覆盖率等都分别增长了 191.97% 和 185.23% ,虽然保障率在不断增高,但整体水平还是较低的,从全国范围来看,尤其是和北京、上海、深圳等地相比,长沙还有很大的差距。

6.4 长沙市弹性城市人居环境系统仿真模拟

6.4.1 模型构建

在长沙市的人居环境系统中,需要确定适当的人口增长比例和城市基础设施、保障设施、教育、房地产的支出比重,制定适合长沙市人居环境发展的方案,以满足区域居住、经济、社会发展的需求,尽量减少对自然环境的破坏和资源的浪费,以及由此产生的污染,从而实现社会经济、资源环境、基础设施和公共服务的综合利益最大化。基于长沙市 2003—2015 年人居环境居住、经济、社会、自然环境、基础设施等相关指标数据,运用 Vensim-PLE7.2 建立人居环境系统仿真模拟模型。

(1)状态变量

1. GDP = INTEG (GDP 增长量)

2. 财政支出 = INTEG (财政支出增加值)

3. 总人口 = INTEG (总人口增长量)

4. 教育支出 = INTEG (教育支出增加量)

5. 社会保障及就业支出 = INTEG (社会保障及就业支出增量)

6. 互联网宽带接入户数 = INTEG (互联网宽带接入户数增量)

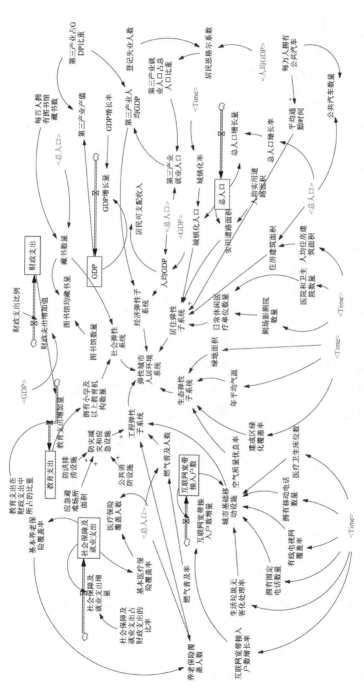

图 6-12 长沙市弹性城市人居环境系统流程图

（2）速率变量

1. GDP 增长量 = GDP × GDP 增长率

2. 总人口增长量 = 总人口 × 总人口增长率

3. 财政支出增加值 = GDP × 财政支出比例

4. 教育支出增加值 = 教育支出在财政支出中所占的比重 × 财政支出

5. 社会保障及就业支出增量 = 社会保障及就业支出 × 社会保障及就业支出占财政支出的比率

6. 互联网宽带接入户数增量 = 互联网宽带接入户数 × 互联网宽带接入户数增长率

（3）辅助变量

1. 人均 GDP = GDP/总人口

2. 人均住房建筑面积 = 住房建筑总面积/总人口

3. 住房建筑面积 = 人均住房建筑面积 × 总人口

4. 养老保险覆盖人数 = 总人口 × 基本养老保险覆盖率

5. 医疗保险覆盖人数 = 基本医疗保险覆盖率 × 总人口

6. 保障性住房覆盖率 = 享受保障住房的户数/城镇居民总户数

7. 图书馆均藏书量 = 藏书数量/图书馆数量

8. 弹性城市人居系统 = LN（居住弹性子系统 × 0.28 + 经济弹性子系统 × 0.233 + 社会弹性子系统 × 0.175 + 生态弹性系统 × 0.156 + 工程弹性子系统 × 0.156）

9. 居住弹性子系统 = LN（人均住房建筑面积 × 0.0485 + 人口密度 × 0.0245 + 每万人拥有公共汽车数 × 0.023 + 人均实用道路面积 × 0.032 + 平均通勤时间 × 0.032 + 医院和医疗中心数量 × 0.031 + 剧院音乐厅等数量 × 0.028）

10. 经济弹性子系统 = LN（人均 GDP × 0.043 + 第三产业占 GDP 比重 × 0.039 + 第三产业就业人口占总人口比重 × 0.037 + 恩格尔系数 × 0.027 + 居民人均可支配收入 × 0.046 + 城镇化率 × 0.038）

11. 社会弹性子系统 = LN（教育支出在财政支出中所占的比重 × 0.024 +

拥有小学及以上教育机构数量×0.024＋基本医疗保险覆盖率×0.023＋基本养老保险覆盖率×0.023＋社会保障及就业支出占财政支出的比重×0.026＋登记失业率×0.014＋保障性住房覆盖率0.031）

12. 生态弹性子系统＝LN（空气质量优良率×0.019＋年平均气温×0.009＋城市地表水环境质量×0.013＋城市区域噪声平均值×0.012＋绿化覆盖率×0.041＋绿地面积×0.032＋单位 GDP 能耗×0.021＋可再生能源使用比例×0.018＋节能建筑比例×0.019）

13. 工程弹性子系统＝LN（城市人均避难场所面积×0.030＋无障碍设施建设率×0.015＋城市防洪排涝率×0.028＋城市公共消防基础设施完好率×0.023＋互联网宽带接入户数×0.018＋有线电视网覆盖率×0.015＋拥有固定电话数量×0.015＋拥有移动电话数量×0.018＋燃气普及率×0.023＋污水集中处理率×0.028＋生活垃圾无害化处理率×0.028）

14. 城镇化人口＝城镇化率×总人口

15. 基本养老保险覆盖率＝参与基本养老保险的人数/地区总人口

16. 基本医疗保险覆盖率＝参与基本医疗保险的人数/地区总人口

17. 道路面积＝总人口×人均实用道路面积

18. 居民人均可支配收入＝（家庭总收入－缴纳的所得税－个人缴纳的社会保障支出－记账补贴）/家庭人口

19. 居民恩格尔系数＝食物支出金额/总支出金额×100%

20. 日常休闲医疗单位数量＝剧场影剧院数量＋医院和卫生院数量

21. 公共汽车数量＝总人口×每万人拥有公共汽车

22. 燃气普及人数＝总人口×燃气普及率

23. 第三产业产值＝GDP×第三产业占 GDP 比重

24. 第三产业人均 GDP＝第三产业占 GDP 比重×第三产业就业人口

25. 第三产业就业人口＝总人口×第三产业就业人口占总人口比重

26. 藏书数量＝总人口×每百人拥有图书馆藏书数

27. 污水集中处理率＝处理后净化的水量/处理前的污水总量

28. 生活垃圾无害化处理率＝处理后变无害的垃圾总量/处理前的垃圾

总量

    29. 人口密度 = 总人口/总面积

    30. 空气质量优良率 = 该年空气质量优良的天数/该年天数

    31. 年平均气温 = 该年每天平均气温之和/该年天数

    32. 城镇化率 = 城镇人口数(非农业人口)/地区总人口

6.4.2　模型检验

    在确定各变量并构建模型运行后,我们用 Vensim-PLE 7.2 进行检验,仿真计算地区生产总值、人均 GDP、总人口、人均住房建筑面积、医疗保险覆盖率、养老保险覆盖率、恩格尔系数、居民人均可支配收入、城镇化率,并与同期实际数据进行一致性检验,拟合误差均小于 5%。这说明,此仿真模型符合系统动力学模型要求,能够对长沙市弹性城市人居环境系统的实际发展进行模拟,且较科学合理。

表 6 - 3　长沙市弹性城市人居环境系统仿真数据对照表

年份	总人口(万人)			地区生产总值(亿元)			城镇化率(%)		
	实际值	仿真值	误差(%)	实际值	仿真值	误差(%)	实际值	仿真值	误差(%)
2003	601	635.64	0.06	928	1008.13	0.086	34.2	35.47	0.04
2004	610	626.06	0.03	1108	1111.78	0.003	51.19	54.50	0.06
2005	620	636.48	0.03	1519	1526.97	0.005	35.12	36.75	0.05
2006	631	666.55	0.06	1790	1793.73	0.002	35.8	37.41	0.05
2007	637	674.90	0.06	2190	2196.61	0.003	36.17	38.59	0.07
2008	641	667.59	0.04	3000	3000.19	0.000	36.34	40.34	0.11
2009	646	690.34	0.07	3744	3747.10	0.001	62.63	63.77	0.02
2010	650	683.78	0.05	4547	4556.75	0.002	67.69	69.51	0.03
2011	656	692.10	0.06	5619	5623.86	0.001	68.49	73.15	0.07
2012	660	687.55	0.04	6399	6408.89	0.002	69.38	70.41	0.01
2013	662	674.67	0.04	7153	7158.66	0.001	70.6	71.81	0.02
2014	671	682.21	0.02	7824	7890.12	0.008	72.47	76.57	0.001
2015	680	690.13	0.01	8510	8541.33	0.003	75.11	76.91	0.009

（续表）

年份	居民人均可支配收入(元)			人均GDP(元)			人均住房建筑面积(km²)		
	实际值	仿真值	误差(%)	实际值	仿真值	误差(%)	实际值	仿真值	误差(%)
2003	9933	11567	0.165	14810	14918	0.007	18.81	20.1	0.069
2004	11021	11414	0.036	18036	18059	0.001	18.8	21.6	0.149
2005	12434	12908	0.038	23968	24169	0.008	24.4	26.0	0.064
2006	13924	14421	0.036	27982	28470	0.017	28.29	29.4	0.039
2007	16153	16548	0.024	33711	34014	0.009	28.85	31.5	0.091
2008	18282	18490	0.011	45765	45994	0.005	28.3	31.1	0.098
2009	20238	20710	0.023	56620	56934	0.006	29.27	32.2	0.098
2010	22814	22892	0.003	66443	66708	0.004	30.88	33.3	0.079
2011	26451	26772	0.012	79530	79865	0.004	33.1	35.2	0.063
2012	30288	30637	0.012	89903	90146	0.003	33.08	35.6	0.078
2013	32634	33635	0.165	107890	108311	0.004	17.05	18.6	0.090
2014	36826	36940	0.003	107683	107799	0.001	46.8	46.8	0.001
2015	39961	40118	0.003	115443	115587	0.001	45.4	45.4	0.001

年份	恩格尔系数(%)			医疗保险覆盖率(%)			养老保险覆盖率(%)		
	实际值	仿真值	误差(%)	实际值	仿真值	误差(%)	实际值	仿真值	误差(%)
2003	31.6	31.9	0.008	10.3	12.1	0.175	8.60	9.57	0.113
2004	33.4	34.4	0.029	12.7	14.5	0.147	9.66	12.64	0.309
2005	33.4	34.1	0.019	10.5	11.7	0.115	13.14	13.31	0.014
2006	32.60	33.1	0.016	14.4	16.2	0.121	11.14	13.81	0.240
2007	34.9	35.0	0.003	11.9	14.2	0.195	11.22	12.63	0.126
2008	36.90	37.6	0.018	13.3	16.0	0.203	12.75	15.40	0.208
2009	32.4	33.3	0.027	20.2	23.0	0.137	18.81	20.13	0.070
2010	33.6	33.7	0.002	21.0	23.0	0.094	21.03	23.77	0.131
2011	35.9	36.4	0.014	21.4	26.4	0.014	23.66	26.27	0.111
2012	35.84	36.0	0.005	22.4	26.0	0.005	26.44	26.97	0.020
2013	31.6	31.9	0.008	22.8	21.9	0.008	30.10	31.29	0.040
2014	28.7	28.9	0.006	24.7	24.8	0.004	28.52	28.73	0.007
2015	26.4	26.7	0.011	30.2	30.4	0.006	24.53	24.68	0.006

6.4.3　初始变量选择及方案

以 2015 年为现状年,对长沙市人居环境中城镇化率、人口、经济发展、城市基础设施建设等情况进行模拟分析,模拟步长为 1a,模拟时间到 2030 年。拟合历史数据,对主要变量的初始值进行初始化处理的方法,部分变量的变化率则参考有关规划来确定。

表 6 – 4　长沙市弹性城市人居环境系统动力学模型主要初始变量

指标名称	单位	数值	指标名称	单位	数值
GDP	亿元	8510.13	教育支出	%	18.9
财政支出	亿元	883.76	城镇化率	%	74.38
总人口	万人	680.36	居民人均可支配收入	元	39961
社会保障及就业支出	%	14.27	人均住房建筑面积	m^2/人	45.34
人均 GDP	元	115443	第三产业占 GDP 比重	%	45.06

数据来源:根据《湖南省统计年鉴》和《中国城市统计年鉴》整理。

根据控制变量的确定原则,结合系统模拟过程和目标变量的变化,对模型进行扰动分析,建立四种模拟方案,分别为:传统城镇化发展方案;经济优先发展方案、自然环境优先发展方案和新型弹性人居理念发展方案。

方案一:传统城镇化发展方案。按照假设的未来城镇化发展速度以及现有的人口城镇化情况进行,分析人居环境系统中人口的变化趋势,尤其是城镇人口的变化率。

方案二:经济优先发展方案。突出经济在人居环境发展中的重要性,加大房地产投资占财政支出的比重,使人均住房建筑面积获得增长。伴随着地区生产总值的增长以及人均 GDP 的增长,人均可支配收入也会获得提高。

方案三:自然环境优先发展方案。把资源节约、环境友好放在首位,认为人居环境的发展主要建立在较好的可持续的自然环境基础之上,优化空气质量、扩大绿地面积、提高绿地覆盖率,减少工业对环境的污染,通过对自然环境的维护来提升人居环境的品质。

　　方案四:新型弹性人居理念发展方案。以弹性城市建设为背景发展人居环境,把弹性发展理念和原则全面融入人居环境发展全过程,实现通过城市基础设施和社会保障、经济发展、教育文化、医疗等的调整,保证人居环境在任何环境下,包括遭遇自然灾害、极端天气等,都能实现良性和可持续发展。

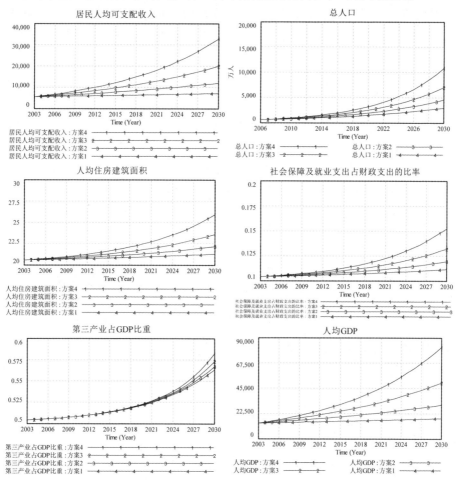

图6-13　2003—2030年长沙市弹性城市人居环境主要指标演化趋势

6.4.4 主要变量指标变化趋势

根据模拟仿真结果,到 2030 年,长沙市人口将超过 1000 万人,人均住房建筑面积可达到 50m²,城镇居民人均可支配收入可达到 40000 元以上,基本医疗保险覆盖率可达到 60% 以上。主要指标变化趋势见图 6-14。

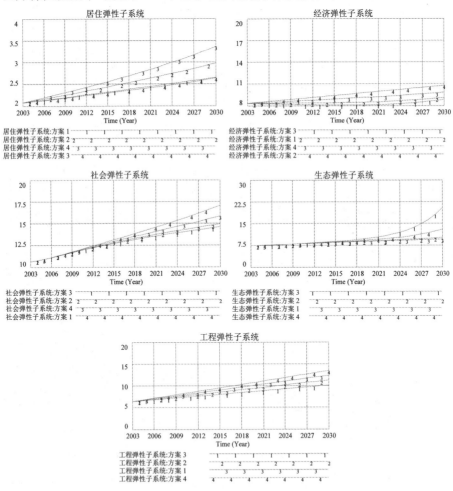

图 6-14 长沙市弹性城市人居环境子系统演化趋势

借助已有指标数据及城市人居环境各系统预测分析图,我们可以得出:

(1)长沙市居住子系统发展态势良好,比起国内同层次的省会城市,长沙的房价适中,随着城市的不断发展,居住系统会更加受到人们的重视(曹慧等,2002)。除了基本的人均住房建筑面积、人均实用道路面积和每万人拥有公共汽车数量这些指标外,人们会更加注重居住的品质、居住地周边的生活、医疗、教育等配套设施。同时由于人们受教育程度的高低和工资收入的不同,以及长沙市对高端人才的不断引进和相关安家政策,城市内部的社区将会出现一定的分区现象,高端社区除了人口的综合素质较高以外,还配备较好的生活、医疗和教育资源等,当然房价也会更高;而相对低档次的社区,特别是城中村、棚户区等,在未来较长一段时间内,还会继续存在,并会聚集较多的外来务工人员,如何提高该类地区的居住品质,提升居民综合素质,均衡教育资源(李王鸣等,1999),将会成为未来长沙市居住环境子系统中亟须解决的问题。

(2)长沙市经济子系统将继续可持续发展,到 2030 年,地区生产总值将达 15000 亿元。目前长沙还处于工业化的时代,产业结构主要以"二三一"为主,调整三大产业结构,使产业结构呈现"三二一"的局面,第三产业的不断壮大,既能降低对资源的消耗,也能减少对环境的污染,同时还能为居民提供更多的就业机会。通过产业结构的调整,可从结构层面上不断提升经济增长的质量,减少经济波动带来的损失。

(3)长沙市社会子系统在这 20 多年当中,将会发生很大的变化。社会子系统的基本单位是人,主题也是以人为主,在城镇化率不断提高、城镇人口不断增长的同时,我们还应考虑人作为社会的主题对社会的认可度、归属感和个人成就感,这种变化已经不仅仅是停留在机械增长的层面上,更多的已经上升到社会的质变。作为一个省会城市,除了具备对流动人口的吸引力以外,还应具备很强的包容性,满足城市各类人群的需要,尤其是对于弱势群体,使他们能感受城市对他们的包容和关爱,这也是弹性城市建设的重要指标之一。此外,也应吸收高层次人才,为他们提供较好的生活、工作条件,使他们能够在长沙这座城市有成就感,并能提升他们的社会地位,通过人才的吸引,提升这个城市居民的综合素质,促进社会整体的进步。

（4）长沙市自然环境子系统涉及的因素较多，波动也很大，但从整体来看将会呈现先平稳发展、再缓慢上升的趋势。这主要是因为在经济发展中，对自然环境的忽视和破坏，以及城市人口过度增长的问题给城市造成了较大的负担，导致内部恶性循环。长此以往，城市资源枯竭，自然环境恶化，反过来也会对经济造成影响，使经济陷入瓶颈期，因此，长沙会在2030前面临经济发展的瓶颈和资源利用的转型期。

（5）长沙市的公共基础设施子系统发展状态良好，随着地铁、磁悬浮等交通工具的规划和兴建，交通设施越来越发达和便捷，这无疑为人居环境的整体质量加分不少。通讯设施日益完善，医疗保险和养老保险的持续升高，使得居民病有所保，养有所依，满足了居民最基本也最关注的保障服务问题，并且不同片区基本都有自己独立的城市广场，宣传和传播城市的文化，使得居民能更好地参与进来。此外，公共基础设施的完善与否，直接决定了城市在遇到突发事件和不可抗自然灾害时，公共基础设施能否发挥巨大的作用，并迅速反应，降低事件的破坏力，使城市迅速恢复状态。但随着今后公共基础设施建设空间的逐步缩小，以及对基础设施要求的不断提高，基础设施的建设要更加的人性化，并融入更多的高科技。

6.4.5　方案选择和分析

表6-5　长沙市弹性城市人居环境各子系统预测排名分析表

子系统 ＼ 方案	传统城镇化 发展方案	经济优先 方案	自然环境 优先方案	新型弹性人居 发展方案
居住子系统	第三	第二	第四	第一
经济子系统	第三	第一	第四	第二
社会子系统	第一	第三	第四	第二
自然环境子系统	第四	第三	第一	第二
基础设施子系统	第三	第二	第四	第一

（1）传统城镇化发展方案。在传统的城镇化发展方案中，社会子系统的

预测趋势排在第一位,至 2030 年,长沙市城镇化发展水平将达到 85% 以上。城市人口显著增多,这使得城市的人口密度也会从 2015 年的 575.49 人/km²,上升到 2030 年的 680 人/km²,这个人口密度的标准已经达到了特大城市人口密度的水平。该方案以提高城镇化质量为核心,一方面,有助于促进城乡统筹发展,推动地区经济协同,针对性地解决农村人口不重视人居环境的问题;另一方面有助于从社会的角度入手,提升农村居民或者外来人口的城市归属感和认同感。此方案不仅能获得良好的经济效益,同时也会收获较好的社会效益,但随着传统城镇化道路的加速,城市的人口会越来越多,无论是居住环境还是配套设施都会面临超载的问题。

（2）经济优先发展方案。在经济优先发展方案中,经济子系统排在第一位,居住子系统排在第二位,城市的 GDP 将达到 10000 亿元以上,三大产业结构比例调整为 6.3:35.2:58.5。财政支出逐年增多,尤其要增加对教育和社会保障的支出,人均可支配收入达到 40000 元以上。特别是针对农村人口,提高他们的人均可支配收入,可让他们有足够的收入来提升和改善居住质量。同时政府会加大对城镇居民居住条件的改善,对房地产的投资会增加,并开展廉租房的建设项目,使城市区域内的部分困难群体能够花最少的支出来享受比较好的居住条件。但此方案可能会出现盲目追求经济效益,而忽视对自然环境的保护。由此造成的资源浪费、环境污染将比任何一个方案都要严重,虽然带来了较好的经济效益,却往往会成为人居发展的短期方案。

（3）自然环境优先发展方案。在此方案中,自然环境子系统排在第一位,这无疑是一个对自然环境非常重视的方案,也是可持续的方案。该方案中,城市绿地面积覆盖率将达到 50% 以上,空气质量将逐步优化,从现在的每年有大概 60% 的天数是轻度污染减少到 30% 以下,使 AQI 在污染多发的冬春季都能保持在 100 以下,甚至 50 以下,这为居民身体健康创造了一个很好的环境,也提升了长沙市的整体空气质量,使居住环境硬件设施得到了提升。同时,在自然环境优先方案下,应继续资源节约型和环境友好型的路线,针对区域内的自然资源加以保护、合理开发和利用,使城市的发展更具可持续性。这一方案注重自然环境的因素影响,但由于在工业化时代,对自然环境的保护难免会与飞速发展的经济产生矛盾,如何平衡经济发展和自然环境的保护是此方案的难点。

(4)新型弹性人居发展方案。在弹性城市理念的影响下,城市的人居环境发展应该是具备弹性的。在这个方案中,基础设施子系统预测排在第一位,居住子系统预测排在第二位,经济、自然环境和社会子系统预测分别排在第三、四、五位,从这个方案的排序来看,这无疑是人居环境系统中比较科学、合理的方案。基础设施和公共服务作为弹性城市建设的支撑和基础,既是人居环境发展的硬件也是软件,起到改善城市的交通、通讯,保障,社会服务的作用。社会保障和就业支出将占整个支出的20%以上,互联网覆盖率会达到100%,移动电话的拥有量会达到95%以上,并且城市基础设施的提升也会促进经济的发展,减少对自然环境的破坏,使公共服务更加的广泛化和人性化,符合区域内居民的大部分要求。这个方案的可行性在四个方案中是最高的,全面均衡了居住、经济、社会和自然资源,是最适合长沙人居环境发展的方案。

7 弹性城市人居环境优化路径与措施分析

前文通过对弹性城市建设和人居环境建设的理论和实践的研究,对中国典型城市以及案例城市两个层面的分析,显示了无论在全国层面还是在单个城市层面,人居环境的发展都取得了很大的成绩。

居住弹性方面。人均住房建筑面积不断提高,居住配套设施建设不断改善,交通网络的可达性越来越广。随着公共交通工具的规划、设计和不断投入,居民的平均通勤时间将有所缩短,民众对于绿色出行等方式越来越认可,这符合居住弹性的基本要求。

经济弹性方面。地区生产总值保持每年10%以上的增长率,地区财政收入增长率超过了20%,房地产开发投资占固定资产投资的比例也不断提高,虽然房价市场过热且价格偏高的现象仍普遍存在,但住房的整体质量和供需结构在不断调整和完善。同时三大产业结构也在不断调整,促进产业结构的转型,减少衰退产业的整体数量,及时调整产业走向,实现可持续健康的经济发展态势。

社会弹性方面。东中西不同区域的城市虽存在一定的文化差异,但对区域和城市的认可度、归属感等不断增强。随着国家对于保障性住房的不断投入,越来越多的困难群体、中低收入群体实现了居有所住。城市人口中,无论是高收入群体还是低收入群体都愿意并且参与到弹性城市建设的过程中来,使得社会和谐度不断提高。

生态弹性方面。虽然对资源的消耗浪费现象仍然存在,但对于空气质量、水环境质量等的治理正在加强。可再生能源的使用比例越来越高,节能建筑的比例也在提高,室内调温控温的技术不断提高,人们对于自然资源的可持续发展有了正确的认识。尤其是在案例城市长沙,随着两型社会建设的不断深入,城市对于自然资源的保护将会取得更持续的成效。

工程弹性方面。城市防灾减灾和应急设施、通讯设施、社会服务设施的水平不断提升推动了弹性城市建设和城市人居环境的硬件质量。尤其是与弹性城市建设密切相关的防灾减灾和应急设施,自2011年开始,全国各大城市开始修建应急避难场所,这无疑表现出了政府、居民对极端事件发生的不断重视。

但随着城市规模的不断扩大,流动人口的增多,自然灾害和极端事件发生概率的增大,居民对弹性城市人居环境质量的要求会越来越高,各城市需要因地制宜,根据自身实际情况,选择不同的优化路径来促进人居环境的发展。

7.1 弹性城市建设背景下差异化城市人居环境优化路径模式

前文指出,国内目前大多数典型城市都参与到弹性城市的建设中,并展开了不同层面的设想和规划,也取得了初步的成果,这意味着国内也开始逐渐接受并重视弹性城市建设的理念。在这样的趋势背景下,我国不同类型、级别的城市也应进行差异化城市人居环境路径设计。前文我们对城市人居环境进行了详细的聚类分析,共分为五类,得出以上海、北京、深圳为代表的大都市自给改善型模式;以成都、长沙、哈尔滨为代表的绿色生态发展型模式;以天津、杭州、南京、厦门为代表的循环经济服务型模式。以贵阳、南宁、昆明为代表的资源型产业转型模式和以呼和浩特、乌鲁木齐为代表的西部特色型发展模式。

7.1.1 大都市自给改善型模式

这种模式主要从城市内部转型的角度出发,提出了符合大都市良性发展的人居环境与经济、社会、自然环境协调的发展思路,由于城市规模较大,涵盖面较广,因此这类模式涵盖了产业结构升级、绿色交通、节能节水、基本保障等方方面面,具备较高的综合适应性。在这类城市中,人居环境的质量较高,居民综合素质也较高,但一旦遇到极端事件和自然灾害时,也容易受到更大的冲击,因为无论是哪一条因果链,都涉及城市的方方面面。因此保证人居环境的自给自足,并在此基础上不断改善是此类型城市发展的模式。

(1)构建紧凑型空间发展格局,提高人居用地的使用效率

大都市区一般城镇空间都会出现用地紧张的情况,面对空间资源越来越少,而人口规模越来越大的趋势,应通过空间紧凑化有机疏散大都市的资源和能源压力,尤其要从都市区域空间、城市空间层面和社区空间层面来进行城市空间资源的紧凑化引导,通过调整城镇空间布局和提高基础设施建设的高科技含量,来引导城市各类要素从城镇空间有机疏散,缓解城市的空间压力。同时应打破传统层面的功能分区,通过扩建和改善现有公共交通设施,减少私家车的出行,发挥大都市的主体引导作用,并发挥周边小城镇的地缘优势,形成由各卫星小城市围绕大都市的城市布局,充分利用现有资源。

(2)提高大都市的自给能力,应对人居环境的突发事件

国际大都市对人居环境的品质要求较高,虽具备一定的自供给能力,因此仍然存在大部分资源依赖进口的现象,因此在全球一体化以及极端天气和不可控事件频繁发生的今天,大都市应提高自给自足的能力。面对大都市不同的消费人群,应调整他们的消费结构和渠道,如向具有较高消费水平且崇尚进口资源的城市居民,提高服务品质,可提供高科技、人性化的服务,改善其传统的观念,建立使用国货的信心,并辅助和带动大都市自给自足、自产自销的功能。

(3)引进并均衡教育资源,丰富居民的传统生活

在教育资源方面,大都市具备较好的教育资源,同时也对教育资源的要求很高,无论是培训还是咨询市场都倡导走国际化的路线,在我国目前教育资源仍不均衡的现状下,很多二、三线城市的人口举家前往大都市仅仅只是为了享受更好、更公平的教育资源。此类城市应加大对教育资源的投入,不断引入国内外的优质资源为我所用,满足居民日益增长的精神文化需求,与国际接轨,

提升居民综合素质;同时也要有"走出去"的勇气,将我们的优质教育资源传播到世界各地,宣传中国传统文化。

7.1.2　绿色生态发展型模式

此类城市依托现行的资源节约型和环境友好型产业为产业发展主线,依托良好的自然生态发展条件,此模式注重特色农业、工业和其他服务业与生态、文化、旅游业的结合,促进产业结构的逐步优化升级,继续走资源节约和环境友好型的可持续发展道路。

(1)倡导绿色农业,优化人居环境

在良好的特色农业基础之上,该类城市可发展绿色人居环境,倡导生态农业、绿色食品等产业集群,带动农业区域的人居环境质量。虽说这类城市近年来以经济建设为中心,以 GDP 作为重要的考核指标,并在经济发展上取得了较好的成效,改善了人居环境的整体质量水平,居民的工资高了,人均可支配收入多了,可居民的自然资源环境却并没有得到预想的提升,如食品安全、空气质量等,这其实也是过分考虑经济发展,而忽略绿色生态的表现。

(2)优化土地使用效率,促进人居生态和谐

对于城市有限的资源来说,绿色生态是未来发展的趋势,也是人居环境发展的重要命题。作为省会城市或地区中心城市,城市不断扩大,人口增多,增加固定资产的投入和促进房地产业的发展,已是不可抗的趋势,但土地资源是有限的,绿色生态恰恰就是考验城市的土地承载力。人居环境的基本要素是环境,一旦生态环境遭到破坏,则很难再恢复,因此更应建立生态、和谐的人居环境评价指标体系,调整指标权重,使经济发展不再是此类城市的关键因素,而人情味、人性化、切实关心民生问题,将成为居民的现实体验,将绿色生态作为人居环境首先要考核的指标,以此提高城市的人居环境质量,提高城市的整体品位。

7.1.3　循环经济服务型模式

此类城市绿地覆盖率和绿地面积都较高,空气质量良好,气温舒适,是全国公认的宜居城市。但此类城市由于近年来城市规模的不断扩大,外来人口的剧增,房价的涨幅攀升,导致城市的资源承载力和基础设施承载力等严重超载,交通拥挤、房价泡沫影响这类城市的人居环境。因此,如何继续保持和促进城市人居环境的建设,是此类城市的发展重点。

（1）调整产业结构,推动服务经济

调整该类城市的产业结构,向低碳化、生态化的服务经济转变。全国大多数城市的三产结构都是"二三一"的结构,在西部落后地区的产业结构则还停留在"一二三",面对这样的现状,以杭州为例,2005—2011 年,每年第二产业的发展速度都快于第三产业,而第三产业的发展速度则远远低于北京、上海、深圳等城市,这就使得该城市具备更大的产业结构调整潜能。要实现"三二一"产业结构,就要以个性化、高质化、服务化为城市人居环境的发展导向,通过循环经济的发展来带动城市人居的发展。

（2）提倡绿色交通,发挥公共交通的使用率

缓解交通压力,实现与碳排放脱钩,具体如:倡导绿色交通理念,改变人们认为"车越大越能凸显面子"的传统交通观念,鼓励居民绿色出行,政府不断加大对于公共交通工具的投入,提高公共交通和慢性交通的出行比例,加快对公交车、出租车和部分私家车"油改气"进程,降低能耗,减少对能源的依赖,促进城市的自给。同时在居民中提倡健康出行的理念,将非机动车作为主要的出行工具,逐步建立非机动车道,包括休闲建设道、通勤道等,满足居民的实际需求,从而实现高服务、高效率、低能耗,提升城市人居环境品质,这有利于城市的自给自足。此外,要将节能环保的理念贯彻到每人每户,优化能源的使用结构,构建安全、高效、可持续的能源供应系统,包括采用新技术降低能耗、增强居民技能意识、优先发展风能、太阳能、地热能等可再生能源,禁止使用非

清洁能源、高污染燃料等,从而降低对环境的污染。

7.1.4 资源型产业转型模式

资源型城市兴于资源,但也可能败于资源。长期以来,此类城市依赖资源求发展,虽带来了较好的经济效益,但却导致资源濒临枯竭、生态环境日益脆弱、城市资源利用效率日益下降等现状。而人居环境与产业也相互关联,当高污染、高能耗的产业由盛转衰时,势必会影响到与人居环境密切相关的就业、空气质量、居民可支配收入等现实问题。

(1)淘汰落后产能,优化人居自然环境

围绕资源型城市产业的特点,振兴或改善传统支柱产业,控制高能耗、高污染行业的过快增长,同时不断淘汰落后产能、工艺、技术和设备。延伸产业链,并将资源回收、再利用作为居民排污的重点,培育可接替或转型的新兴产业和产品,保持经济的持续增长。立足城市的实际,科学拟定经济转型的目标,探索适用的方式方法,建立开发补偿机制,在促进传统产业升级的同时,通过补偿、调整、淘汰等不同途径,坚持走低能耗、高科技的新兴产业化路线,提高高科技产业和第三产业的比重,积极发展生产性服务业。

(2)推动居民清洁能源的使用,发展低碳经济

政府鼓励淘汰高能耗、高污染的能源,加大清洁能源的使用。人居环境不仅仅是靠政府的投入和建设,也需要居民的配合和支持,始终贯彻推进居民使用清洁能源,倡导垃圾分类(谭志雄等,2011)。对于钢铁、水泥、有色金属、煤、化工等污染严重的产业,应远离居住区,合理布局(王婧等,2011)。同时在城市形成以绿色能源、低碳经济为主的低耗能、低污染产业发展基地,既能巩固产业对城市人居环境的经济支撑,又达到了城市节能减排的目的,满足区域或城市人居对部分工业产品的实际需求(谢石营等,2011)。

7.1.5 西部特色型发展模式

西部地区城市一直是我国经济发展相对落后的城市,此类城市具备丰富的矿产资源,也有部分原始的生态环境。但近年来随着西部大开发的不断推进,越来越多的城市盲目追求经济效益,而忽视了自然资源环境,导致部分未开发区和禁止开发区都或多或少受到影响,使得人居环境的软硬件都日益恶化,需继续改善和调整。

(1)发展西部特色旅游,提高居民收入

加快发展西部城市的特色生态旅游服务功能,充分利用生态旅游资源,让部分居民参与旅游服务业,带动对周边的辐射作用,将生态文化旅游产业作为西部城市的支柱产业来发展,在规划设计、基础设施建设、综合服务管理、市场监管、形象宣传、环境保护等方面发挥主导作用。生态文化旅游业的投入,既能促进经济的发展,也能促进西部城市本身基础设施和文化教育的建设,保护了当地的生态资源,优化了生态、文化、旅游和基础设施之间的配置,形成生态、文化、旅游三者之间相互促进的格局,也提高了当地居民的可支配收入。

(2)促进西部城市内部良性循环,吸引外部资源投入

国家虽给予西部各城市较多的优惠政策,包括人才引进、保税等,但近年来人才流失现象仍然很严重,尤其是高层次人才和女性的外流,而吸纳的人才往往因为经济、社会地位、发展平台等问题留不住,导致西部城市出现较多的社会问题。面对这样的问题,西部城市应促进内部的良性循环,采取政策倾斜、财政支持、科教为本、富民为先的措施,既达到吸引外来资源和人才的目的,又能较好地留住自己的资源,通过不断投入城市人居环境配套设施建设,使经济、社会和生态环境保护相结合,促进当地居民居住、工作等环境的改善,相互协调,共同发展。

(3)提高居民意识,强调公众参与

由于西部城市地处内陆,早期居民的环境意识、法制意识都较薄弱,破坏

环境的事件频出,而要整体提升西部城市的人居环境,就应该对居民进行环境教育和法制教育,提高他们对于所居住地的自我保护意识,让他们参与人居环境质量的监督,提高居民对城市规划、建设和管理的参与水平。通过不断向居民宣传人居环境保护的思想,传播城市未来发展的规划目标,并呼吁各界人士参与城市的规划和建设。同时普及基本的法律知识,维护部分西部城市的安全,降低极端事件的发生概率,维护当地的和平,提高人居环境的质量,以带动西部城市或整个西部地区社会经济的和谐发展。

7.2 弹性城市建设背景下人居环境发展的措施

7.2.1 构建弹性城市理念的人居环境快速响应机制

城市人居环境的基本单位是人,人居环境的规划者、建设者都是人,而人居环境的好坏最直接影响的也是人。给市民以舒适、安全的感觉是人居环境的基本建设目标之一,因此我们在人居环境的建设过程中,要树立以人为本的原则。"人地和谐"既是传统文化,也是城市建设规划者要掌握的基本原则之一。在弹性城市建设理念中,政府和城市规划者必须要考虑区域或城市的实际需要,号召全员参与。安全是城市宜居的重要指标之一,弹性城市的建设旨在为城市发生任何极端事件和自然灾害时保驾护航,那么这就需要城市具备较强的快速响应机制。

快速响应机制原本是指在经济里由于经济危机本身具有突发性、不确定性,危机一旦发生,则需要在短时间内做出反应,危机的决策者应当在非常有限的时间内迅速做出果断的决策,调动各个部门,动用各种资源,尽快控制危机的发展,恢复社会秩序。但在人居环境建设中,小到居民的出行交通、生活方面,大到整个城市的基础设施和公共服务,乃至居民的保险保障,都应在快速响应机制中体现。快速响应机制需要巨大的原始数据资料作为支撑,同时需要全员参与,并进行不断训练和筹划。

尤其是部分城市属于资源紧缺型城市,资源不能自给,只能依赖外地调拨,一旦发生此类灾害或极端突发事件,将影响整个城市的人居环境系统。因此,相关政府部门应尽快出台相应的快速响应政策,建立防灾减灾应急保障机制,减少各类损失,提高宜居指数。这就要求城市的多个部门必须职责分明,任务交叉,建立统一、集中、高效的应急处置机制,在动态社会环境下有效控制灾情扩散。同时,重视应急机制的硬件建设和配置,提高快速救援保障的能力,包括物质器材、通信、运输、人员调配等,确保事件发生时能够迅速调拨到位,并形成立体保障网络。建立信息化的防灾减灾应急预警系统,随时监控重点区域的季节性常态自然灾害,做出自动预测、自动分析、自动调拨的反应,防患于未然。

7.2.2 形成科学合理的弹性产业体系

在弹性城市建设的理念下,应继续保持将经济的发展作为人居环境的基础,而形成科学合理的弹性产业体系,这也是推动经济发展的有效措施之一。鼓励发展都市产业、绿色生态农业、新能源产业,积极改造传统工业、提升现代服务业,形成绿色、低碳的现代城市产业体系。

农业资源较发达的城市可以推行绿色生态农业,降低农业对能源的依赖,大力发展低碳有机农业、牧业、林业、花卉业等,走有机、生态、绿色、高效的绿色生态农业道路。同时提高农业对创汇、经济的作用,发展高度专业化的大规模农业生产,以集约化生产某一种或多种生态农产品,形成农业产业集群化发展。尤其在上海、北京、广州等世界级城市则应兼顾经济、社会、生态、休闲、文教等多元功能的社区农庄建设(汤礼莎等,2009)。中小型城市则可发展规模化集约农业生产,强调人与自然环境的和谐相处,尤其是在卫星城市,可将农场、农庄规划设计成花园形式,并提供景观休闲、教育科普的作用,真正将城市人居环境与自然资源结合起来。

对于传统农业,不可全盘否定,根据区域经济发展的周期性规律,每一个产业都会有发展、兴盛和衰落的阶段,面对还有潜力且符合市场需求的传统产业,应提倡低碳发展,将其转化成节能工业,重视绿色制造,鼓励循环经济,减少二氧化碳排放,形成资源节约型和环境友好型工业体系,采用低碳技术、节能减排技术,促进工业的清洁生产和循环经济发展,推进节能减排技术的改造,同时推动太阳能、地热能、风能、海洋能等非传统能源产业发展,使传统产业能成为循环经济的典型。

在弹性人居环境发展过程中,围绕"弹性产业"主题,积极发展低碳现代服务业,在服务类型设计、服务耗材、服务营销、服务产品等环节坚持节约资源和能源的原则。依托各高校和科研院所,建立产学研合作的创新模式,发展绿色生态环保教育产业,增强创新能力。同时,运用先进的物流方式保证弹性经济在生产和运转过程中的顺利进行(许旭,2011),大力发展第三产业,通过与旅游、文教、演艺等产业相融合,加速弹性人居环境的提升。

7.2.3 建立健全弹性城市人居环境的社会保障机制

除了基础设施之外,社会保障机制也是健全人居环境的重要因素之一。社会保障机制是在政府的管理下,通过居民收入再分配,依托社会保障基金,对部分困难群体,包括失去劳动力者,由于各种其他原因出现生活困难时给予物质帮助,从而保障居民的最基本生活需要。但随着人居环境质量的不断提高,社会所需要的保障不仅仅只是满足最基本的生活需求,还包括医疗保障、就业保障、养老保障等。健全的社会保障体系是和谐社会的基本条件,也是弹性城市建设中很重要的一环。一个拥有良好的就业环境、稳定的收入来源、健全的社保机制和应急机制的城市显然是人们最希望居住的地方。

在本书的人居环境评价指标体系中,城市登记失业人数是一个很重要的指标。城市是否具备较好的就业环境,用人单位是否能招聘到需要的人才,已毕业的学生、专业技术人员和失业困难人群是否能够再就业并找到对口的岗位,是非常考验一个城市的社会保障机制的。这就需要政府联合各用人单位,制定合理有效的人才引进政策,打造和谐的就业环境,除了吸引高层次人才以外,也要解决内部的就业需求,尤其是对刚毕业的大学生和涌入城市的农民工,需要进一步拓宽就业渠道,扩大就业岗位,提高就业率,这既能减轻当地的用人需求压力,同时也能促进社会的和谐发展。随着生产力和科技水平的提高,专业技术人员越来越受到社会的认可,应鼓励企业参与其中,对于这部分技术人员,可开设相应的课程,使他们的技术能够真正为企业所用,将知识灵活运用到实际岗位中。同时,鼓励大学毕业生自主创业,政府给予一定的资金扶持和税收减免政策。对于部分无一技之长的人群,可以在社区或街道的组织下,不定期开展技术培训,帮助他们取得资格证书,并推荐到对口的单位工作。

不断完善收入分配制度,确保社会的公正公开,维持和促进人居环境系统的稳定和内部安全,进一步完善、维护社会公平的政策措施。因机会不均带来的不公一直是社会存在的问题,应尽可能实现合理、科学的初次分配,健全医疗、养老等各项社会保障制度,构建人居环境安全网,解决因初次分配不均所带来的收入差距问题。特别是对于困难群体和从事高危领域人员的扶持力度应加强,加大义务教育、医疗卫生、福利保障等公共领域的投入,帮助困难群体解决生产生活中的突出问题。同时,也应严格执行最低工资制度,维护广大劳动者的合法权益,尤其对于拖欠劳动者工资的老赖应该予以法律的制裁。通过政策的调节和监控,不断提高低收入人群的平均收入,扩大中等收入人群的比重,真正从根本上促进社会的和谐发展。

7.2.4 提升弹性城市的生活便捷度和安全性

弹性人居环境倡导居民的生活应具备便捷性和安全性,其中便捷性主要指的是交通的便捷和生活的便捷(袁峰等,2016)。创建以绿色交通系统为主导的交通发展模式,不断完善公共交通网络,使居民能够便捷地享受公共交通网络带来的弹性,同时打造低能耗、低污染、低占地和高效率的服务品质。

在绿色交通体系中,最为节能的当然是人力、畜力等可再生能源的出行方式,包括步行、骑自行车等,接下来依次是公共交通系统,而级别最低的是私家车。在倡导绿色交通的结构中,应减少能源的消耗和废气的排放,同时,政府应为低碳出行、便捷出行打造良好的自行车和步行出行环境,保证行人既能有空间低碳出行,也能在安全的空间内进行(诸大建,2008)。另外,实现机动车和非机动车的空间网络形态要求,建立连续的自行车和步行系统,在道路交叉路口处对骑自行车和步行给予较长时间的信号灯控制,增加人行横道、地下通道和过街天桥的数量。建设多层空间停车场,并集中布局,减少由私家车乱停乱放导致的活动空间减少问题。提高公共交通网络的可达性,实现公共交通系统和慢性交通系统的方便衔接。

人居环境的安全是居民安全感、归属感的最直接体现,在现在的人居环境系统中存在很多安全隐患,保障和改善人居环境的同时,也应建立预警机制,实施动态监控系统,关注环境变化,保障人居安全。尤其对于生态环境方面,应保护区域或城市的生态环境多样性,改善生态的脆弱性。对于空气质量安全方面,应整治大气污染,进一步加强污染防治和生态保护,对于破坏空气质量的企业应严格取缔或强制性的淘汰,还居民一份洁净。对于水资源安全,应加强水环境的治理,严格执行每一道水质资源的程序,同时建立水资源节约和保护机制(张雷等,2010)。居民的财产安全,也是与居民息息相关和紧密相连的,这是直接影响居民生活的社会问题,既要包容外来人口和流动人口,同时也应侧重解决新进人口所带来的多样的社会问题,完善这部分人口的医疗、养老保障体系,从根本上维护居民的社会安全。

7.2.5 鼓励弹性技术下的智慧人居和包容性城市管理

弹性城市建设的理念下,实现技术创新是实现人居环境弹性发展的关键之一。因此,完善和提升人居环境质量时,应紧跟世界低碳技术的发展趋势,不断引进云计算、物联网、人工智能、虚拟现实、机器制造、低碳等未来发展的相关技术。在技术引进的基础上,不断辨别、吸收、自我创新,从而使人居环境真正实现智慧人居(何琼峰等,2009)。

推进科技体制改革,充分发挥科技在人居环境中的引领和先导作用,促进人居关键领域的科技创新,基于互联网、云计算、人工智能、机器制造等新一代的信息和工业技术,同时充分发挥大数据、虚拟现实、微信、智能家居等社交网络工具和人居模拟方法的应用。充分营造符合现代人生活的智慧人居模式,实现居民全面感知人居环境,实现全方位互联网、智居融合的应用以及个性化居民的特色创新、大众居民的全员创新以及政府和居民的协同创新体系。

将弹性城市的理念贯彻到人居环境的规划设计和实践中,比如在人居用地规模、空间结构布局、交通网络等方面避免僵化的刚性设计,增加弹性的设计区间,使得人居规划设计的成果能够及时根据市场和相关因素的变化加以调整和修改(盛科荣等,2006);建立安全、有弹性的人居环境结构;尽量避免巨型人居社区的不断扩张,对人居环境的空间进行合理的布局和功能分区,减少超高层建筑;建立能满足需要的、便捷的、多样的、分布均匀的避灾空间,以满足应对各种城市自然灾害和极端事件的需要。

推行智慧人居规划和包容性城市的管理模式,与相关城市建立共享的智慧人居平台,共享资源,同时为城市的政务、防灾减灾、能源低耗等方面提供快速、及时的处理平台,并发挥平台在智慧人居城市发展中的作用。比如,在城市人居环境的防灾体系中,智慧人居平台既能为城市灾害的预防和应急提供及时、准确的资料,也能有效减少灾害对人居环境造成的损失,增加城市人居的弹性。智慧人居结合信息和通讯技术令居民生活更加智能、便捷、高效,同时低碳利用资源,节约成本和不可再生能源,改进公共服务和居民的生活质量,减少由人为作用所造成的对环境的影响。

推动城市的包容性管理,特别是对于直辖市和省会城市而言,应用包容性的管理方式去吸纳外来人口和流动人口,为这部分人群提供他们所需要的人居资源,既能丰富城市的文化结构,也能为城市的管理融入更多人性化的元素。

7.3　本章小结

　　本章主要分成两个部分,一为根据弹性城市建设背景下差异化城市人居环境的优化路径分析,提出了五种根据不同城市特点和实际情况的人居环境发展优化路径:大都市自给改善型模式、绿色生态发展型模式、循环经济服务型模式、资源型产业转型模式和西部特色型发展模式。(1)大都市自给改善型模式,主要适用于上海、北京、广州等超大型城市,从城市内部转型的角度出发,提出了符合大都市良性发展的人居环境与经济、社会、环境协调发展的思路。从构建紧凑型空间发展格局,提高人居用地的实用效率;提高大都市的自给能力,应对人居环境的突发事件;引进并均衡教育资源,丰富居民的传统生活三个方面对此模式进行了阐述。(2)绿色生态发展型模式,此类城市以现行的资源节约型和环境友好型产业为产业发展主线,依托良好的自然生态发展条件,倡导绿色农业,优化土地使用效率,促进人居生态和谐,走可持续发展道路。(3)循环经济服务型模式,适用于绿地面积广、空气质量佳的宜居城市,调整产业结构,推动服务经济,提倡绿色交通,提高公共交通的使用率是该模式的主要发展措施。(4)资源型产业转型模式,此类城市依赖资源求发展,但却导致生态环境日益脆弱、城市资源利用效率日益下降等现状,因此应淘汰落后产能,优化人居自然环境,推动居民对清洁能源的使用,发展低碳经济。(5)西部特色型发展模式,此类城市具备丰富的矿产资源,但近年来随着西部大开发的不断推进,越来越多的城市盲目追求经济效益,使得人居环境的软硬件质量都下降较快,应发展西部特色旅游,提高居民收入,促进西部城市内部良性循环,吸引外部资源投入,提高居民意识,强调公众参与。

在弹性城市建设的背景下,本章根据前文的内容提出了五大主要措施:构建弹性城市理念的人居环境快速响应机制,形成科学、合理的弹性产业体系,建立健全的弹性城市人居环境的社会保障机制,提升弹性城市的生活便捷度和安全性,鼓励弹性技术下的智慧人居和包容性城市管理。

8 结语

8.1 主要结论

追求健康、安全、舒适的人居环境是每个区域或城市居民追求的目标，也是未来人居环境发展的趋势。本书基于弹性城市建设背景，将中国典型城市人居环境作为研究对象，围绕弹性城市和人居环境相结合展开深入的研究，分析弹性城市人居环境的系统构成及不同因素之间的机理关系，对城市建设和人居环境之间的关系进行耦合性分析。通过深入了解人居环境系统内各因素的具体情况，建立弹性城市人居环境的评价指标体系，运用主成分分析法分别对 2003 年—2015 年中国 35 个主要城市的人居环境指数进行分析，并进行聚类，从空间角度对 35 个城市的人居环境质量进行空间差异分析。在此基础上选择湖南省长沙市作为研究案例城市，分析长沙市的人居环境现状，运用系统动力学的方法构建长沙市的居住弹性、经济弹性、社会弹性、生态弹性和工程弹性子系统模型，对不同调控下的人居环境发展趋势进行预测。最后，根据国内主要城市和典型案例城市的人居环境研究，针对不同类型的城市，提出优化弹性城市人居环境的五种路径模式及措施。

主要研究结论如下：

（1）城市建设和人居环境之间的耦合关系处于磨合期

随着城镇化率的不断提高,城市建设与人居环境之间的关系变得更加紧密,人居环境不能脱离城市建设,城市建设也必须要考虑人居环境。城市与人居环境两个系统通过各自的耦合元素相互作用并彼此影响。本书通过环境库兹涅茨曲线、城市化与经济发展间的"对数曲线"、城市建设与生态环境的交互耦合数理规律性解析,以及从几何学推导出的城市化与生态环境间的耦合现象来对城市建设和人居环境的数理规律性进行分析。无论是数理规律性分析,还是时序规律性分析,城市建设与人居环境都是相辅相成的,只是在不同的阶段,彼此影响的关系不一样而已。研究结果显示:

① 城市建设和人居环境之间存在互相制约的耦合机制,城市建设的过程难免会给人居环境造成污染,而人居环境要想朝着生态、健康的道路发展也会从某种程度上约束城市的人口和资本的流向。

②人居环境的质量会随着城市建设的发展而发生改变,在城市建设较低水平期,人居环境的质量会随着城市建设的盲目发展而恶化;城市建设达到一定的水平时,人居环境质量也会随之改善。

③ 借鉴区域经济学当中的周期波动性原则,城市建设和人居环境之间的磨合关系也会呈现低水平期、互相抵抗期、磨合期和协调发展期,在不同的阶段,城市建设和人居环境的问题及特征都会随之不同。而从本书的分析中得出,本书选择的典型城市都处于城市建设和人居环境的磨合期,波动性会很大。

(2)构建了弹性城市人居环境评价指标体系,显示了不同城市的人居环境指数得分差距在缩小

在综合前人的理论和实践的基础上,结合中国典型城市的现状,构建了弹性城市理念下的人居环境评价指标体系。该体系划分为五个子系统,分别为居住弹性、经济弹性、社会弹性、生态弹性和工程弹性子系统。不同的子系统对应不同的指标,共 42 个三级指标。根据建立的指标体系,运用主成分分析法测算 2003 年和 2015 年各城市的人居环境指数,同时进行城市聚类。研究结果显示:

① 无论是人居环境指数得分较高的第一类城市还是得分较低的第五类城市,在 2003—2015 年期间,都呈现出持续波动的态势,可见人居环境的发展趋势并不如我们所期望的——随着经济水平的提高、社会的进步以及政府对公共基础设施投入的不断加大,人居环境会呈现直线上升或缓慢上升的趋势,相反,持续波动越来越明显。这再次显示了人居环境越来越受到各方面因素的影响,而不仅仅只是大众所关注的 GDP、人均可支配收入和财政投入等。

②虽然各个城市在不同年份的排名均有一定的变化,但基本保持在一定范围内,且不同级别的城市人居环境指数的差距有不断缩减的趋势。根据 35 个城市的人居环境指数显示,城市人居环境呈现"东—中—西"的梯度特征。整体上看,东部地区的城市人居环境质量高于中西部地区的城市,中部地区又高于西部地区。

③聚类分析 35 个典型城市:第一类城市深圳、上海、广州、北京和重庆,这 5 个城市的人居环境多项指标排在前列,人居环境整体发展水平最高;第二类城市为杭州、宁波、厦门、南京和青岛,这些城市的 GDP 都高于全国城市平均水平;第三类城市为成都、西安、武汉、天津、长春、哈尔滨、郑州、长沙和石家庄,大多数都是省会城市,有较好的区域资源优势;第四类城市为南昌、贵阳、南宁、昆明、银川、大连、太原、济南、合肥和沈阳,这 10 个城市都为中西部省份和东北老工业基地的省会城市,尤其以中西部内陆城市居多,经济基础较薄弱;第五类城市为呼和浩特、乌鲁木齐、西宁、海口、兰州和福州,多数为西部城市,基础设施较差、经济不发达。

(3)城市人居环境质量空间上仍然存在较大差异

文章选取了 2003 年、2006 年、2009 年、2012 年和 2015 年 5 个时间段,对人居环境的质量进行分析,其中一级、二级城市集中分布在东部地区(除重庆,重庆位于中部地区),占 35 个城市的 30% 以上,二级城市的比重逐渐增加,由 2003 年的 17% 增加到 2013 年的 23%,说明东部地区整体人居环境水平高。三级、四级城市基本分布在中部地区,占 35 个城市的 66%,且这两级城市之间的差距较小,人居环境指数在 10 年中波动较大。五级城市基本都分布在西部地区,虽占比不大,但 10 年间基本无变化,说明西部地区城市人居环境发展水平普遍偏低。

同时,以中国的人口密度线黑河—腾冲一线划分中国的东南部和西北部,以中国南北方的自然分界线秦岭—淮河一线划分中国的南北部。研究结果显示:

① 以中国的人口密度对比线黑河—腾冲一线为界(Hu Line),可以明显地看出一、二、三级城市基本都分布在该线的东南部,四五级城市分布在该线的西北部,其中,四级城市 60% 以上分布在西北部,第五级城市则全部分布在西北部。说明东南部地区人口密度虽大,但更重视人居环境的建设,人居环境整体质量远远高于西北部。

② 以中国南北方的自然分界线秦岭—淮河一线为界(Qinling-Huaihe Line),一级、二级城市中,南方城市所占比重高于北方,占到了 35 个城市的 69%,而三级城市南北方比重相当,且比重变动较小,四、五级城市则北方比重明显高于南方,占 35 个城市的 67%,尤其是五级城市都分布在北方。这说明南方地区的城市人居环境质量整体高于北方地区城市,南方地区城市间的人居环境差异也小于北方地区。

③中国的空气污染问题较严重,同时在空间上呈现了"北高南低"的特征,北方城市的空气污染高于南方城市,尤其以华北平原城市的空气污染最为严重。从时间上看,"冬高夏低、春秋居中",由于冬季北方大面积供暖等原因,导致秋冬季节空气污染较严重,春夏相对较低。

(4)弹性人居方案是长沙市人居环境模拟仿真预测的最佳方案

运用系统动力学的方法对长沙市的人居环境进行模拟仿真,对整个人居环境系统中五个子系统——居住、经济、社会、自然环境和基础设施的系统结构及反馈机制进行了研究,通过现状和系统动力学模型的运算,建立四个可行方案:传统城镇化发展方案、经济优先发展方案、自然环境优先发展方案和弹性人居发展方案。研究结果显示:

① 传统城镇化发展方案不仅能获得良好的经济效益,同时也会收获较好

的社会效益,但随着传统城镇化进程的加速,城市的人口会越来越多,无论是居住环境还是配套设施都会面临超载的问题。

② 经济优先发展方案可能会出现盲目追求经济效益,而忽视对自然环境的保护,由此造成的资源浪费、环境污染将比任何一个方案都要严重,虽然带来了较好的经济效益,却往往会成为人居环境发展的短期方案。

③ 自然环境优先发展方案注重自然环境的因素影响,但由于在工业化时代,难免会与飞速发展的经济产生矛盾,因此,如何平衡经济发展和自然环境保护是此方案的难点。

④ 弹性人居发展方案注重对城市基础设施的提升,减少对自然环境的破坏,为经济发展带来了更多的机会,公共服务设施也更加的人性化,符合区域内大部分居民的要求。此方案具备弹性特征,符合可持续发展道路,可行性最高。

(5)弹性城市建设背景下人居环境优化路径设计

在综合考虑弹性城市建设背景下人居环境的居住、经济、社会、自然环境和基础设施的实际情况后,结合前文的定性和定量分析,提出了五种根据不同城市特点和实际情况的人居环境发展优化路径:大都市自给改善型模式、循环经济服务型模式、绿色生态发展型模式、资源型产业转型模式和西部特色型发展模式。研究结果显示:

① 大都市自给改善型模式。此模式主要适应上海、北京、广州等超大型城市,从城市内部转型的角度出发,提出了符合大都市良性发展的人居环境与经济、社会、环境协调发展的思路:构建紧凑型空间发展格局,提高人居用地的使用效率;提高大都市的自给能力,应对人居环境的突发事件;引进并均衡教育资源,丰富居民的传统生活。

②绿色生态发展型模式。此模式主要适用于中西部各省会城市,如长沙、成都等,依托现行的资源节约型和环境友好型产业为产业发展主线,依托良好的自然生态发展条件,倡导绿色农业、优化人居环境、优化土地使用效率、促进人居生态和谐等措施,走可持续发展道路。

③ 循环经济服务型模式。此模式主要适用于杭州、南京等城市,该类城市近年来经济发展较好,具备较好的地理位置,同时也是绿地面积广、空气质量佳的宜居城市。调整产业结构,推动服务经济,提倡绿色交通,发挥公共交通的使用率是该模式的主要发展措施。

④ 资源型产业转型模式。此模式主要适用于如南昌、贵阳、南宁等城市,该类城市具备一定的经济基础,但主要依赖资源求发展,导致生态环境日益脆弱,城市资源利用效率日益下降。该模式提倡淘汰落后产能,优化人居自然环境,推动居民清洁能源的使用,发展低碳经济。

⑤ 西部特色型发展模式。此模式主要适用于西部经济欠发达城市,如呼和浩特、乌鲁木齐、西宁等,这类城市具备丰富的矿产资源,但近年来随着西部大开发的不断推进,越来越多的城市盲目追求经济效益,使得人居环境的软硬件质量都下降较快。此类城市应大力发展西部特色旅游,提高居民收入,促进西部城市内部良性循环,吸引外部资源投入,提高居民意识,强调公众参与。

8.2 展望

在弹性城市建设背景下,本书对中国 35 个主要城市的人居环境相关问题进行了较为详细的研究和探讨,但由于人居环境系统较复杂,涉及的内容较为广泛,一些原始数据难以获取,虽然做了大量调研,搜集了大量原始数据,并取得了一些初步的成果和结论,但还有待进一步深入地研究和分析。

(1)在弹性城市建设目标的导向下,可进一步探讨居住困难群体的人居环境问题,比如安置小区、城中村、棚户区等。尤其是在国家倡导精准扶贫的政策下,应加强对人居环境均衡性问题的考虑和研究,以真正满足不同群体对人居环境的实际需求。

(2)落实到弹性城市人居环境的路径优化和建议措施方面,目前的研究还比较宽泛。随着城市化建设的深入,人们对人居环境的要求越来越高,只有不断结合现有体制和政策,真正融入人们生活的内涵,才能使建议和措施具备实践操作性。

(3)弹性城市研究涉及的领域很广,人居环境研究只是其中的一个方面,更多内部要素结构的剖析将可能成为人文地理学领域和城市可持续发展研究的前沿问题,可在未来做进一步的拓展。

参考文献

一、中文类

（一）著作类

[1]陈映芳.棚户区记忆中的生活史[M].上海:上海古籍出版社,2006.

[2]陈友华,赵民.城市规划概论[M].上海:上海科学技术文献出版社,2000.

[3]仇保兴.应对机遇与挑战——中国城镇化战略研究主要问题与对策[M].北京:中国建筑工业出版社,2010.

[4]何有世.区域社会经济系统发展动态仿真与政策调控[M].合肥:中国科学技术大学出版社,2008.

[5]金其铭,杨山,等.人文地理学概念[M].南京:江苏教育出版社,1993.

[6]康幕谊.城市生态学与城市环境[M].北京:中国计量出版社,1997.

[7]李克国,魏国印,张宝安.环境经济学[M].北京:中国环境科学出版社,2007.

[8]刘卫东,龙花楼,张林秀,王姣娥,宋周莺,孙威,等.2013中国区域发展报告——转型视角下的中国区域发展态势[M].北京:商务印书馆,2014.

[9]卢为民.大都市郊区的组织与发展——以上海为例[M].南京:东南大学出版社,2002.

[10]纽曼·蒂莫西·比特利,希瑟·博耶.弹性城市应对石油紧缺与气候变化[M].北京:中国建筑工业出版社,2012.

[11]R.E.帕克,E.N.伯吉斯,R.D.麦肯齐.城市社会学[M].北京:华夏出版社,1987.

[12]孙德智.城市交通道路环境空气质量监测与评价[M].北京:中国环境科
学出版社,2010.

[13]王其藩.社会经济复杂系统动态分析[M].上海:复旦大学出版社,1994.

[14]王庆育.软件工程[M].北京:清华大学出版社,2004.

[15]王兴中.中国城市生活空间结构研究[M].北京:科学出版社,2004.

[16]吴良镛.人居环境科学导论[M].上海:上海科学技术文献出版社,
2000.

[17]许学强,朱剑如.现代城市地理学[M].北京:中国建筑工业出版社,
1998.

[18]俞誉福,毛家酸.环境污染与人体保健[M].上海:复旦大学出版社,
1985.

[19]张善余.中国人口地理学[M].北京:科学出版社,2003.

[20]张文忠,尹卫红.中国宜居城市研究报告(北京)[M].北京:社会科学文
献出版社,2006

[21]张跃庆,贾克诚,燕秋海.城市管理概论[M].北京:北京经济学院出版
社,1990.

[22]周一星.城市地理学[M].北京:商务印书馆,1995.

[23]诸大建.生态文明与绿色发展[M].上海:上海人民出版社,2008.

[24]祝卓.人口地理学[M].北京:中国人民大学出版社,1991.

(二)期刊类

[1]蔡建明,郭华,汪德根.国外弹性城市研究述评[J].地理科学进展,2012,
31(10).

[2]曹慧,胡锋,李辉信,等.南京市城市生态系统可持续发展评价研究[J].生
态学报,2002,22(5).

[3]陈海威.中国基本公共服务体系研究[J].社会科学主义,2007(3).

[4]邓春玉,王悦荣.我国城中村问题研究综述[J].广东行政学院学报,2008,
20(1).

[5]樊彦芳,刘凌,陈星.层次分析法在水环境安全综合评价中的应用[J].河海大学学报,2004(5).

[6]范九利,白暴力,潘泉.基础设施资本与经济增长关系的研究文献综述[J].上海经济研究,2004,(1).

[7]甘琳,申立银,傅鸿源.基于可持续发展的基础设施项目评价指标体系的研究[J].土木工程学报,2009,42(11).

[8]高彦春,刘昌明.区域水资源系统仿真预测及优化决策研究——以汉中盆地平坝区为例[J].自然资源学报,1996,11(1).

[9]郭华,任国柱.弹性城市目标下都市农业多功能性研究[J].工程研究,2012(1).

[10]何琼峰,王良健.理性增长十周年回顾及展望——以美国马里兰州为例[J].国际城市规划,2009.24(3).

[11]贺灿飞,梁进社.中国区域经济差异的时空变化:市场化,全球化与城市化[J].管理世界,2004,000(008).

[12]贺清云,湖南省房地产业结构调整研究[J].人文地理,2001,16(3).

[13]黄金川,方创琳.城市化与生态环境交互耦合机制与规律性分析[J].地理研究,2003.22(2).

[14]焦利民,董婷,谷岩岩.2000—2012年中国地级以上城市空间弹性分析[J].资源科学,2016.28(7).

[15]李伯华,陈容,刘沛林,窦银娣.湖南省人居环境与经济耦合发展的时空演变研究[J].华中师范大学学报(自然科学版),2015,49(01).

[16]李陈.中国地级及以上城市宜居度时空特征及关联分析[J].干旱区资源与环境,2014,28(6).

[17]李建新.环境转变论与中国环境问题[J].北京大学学报(哲学社会科学版),2000(06).

[18]李王鸣,叶信岳,祁巍锋.中外人居环境理论与实践发展述评[J].浙江大学学报(理学版),2000,27(2).

[19]李王鸣,叶信岳,孙于.城市人居环境评价——以杭州城市为例[J].经济地理,1999,19(2).

[20]李雪铭,李明.一种可用于城市人居环境质量评价的基于神经网络的遗传算法[J].辽宁师范大学学报(自然科学版),2007,30(1).

[21]梁增强,马民涛,杜改芳.2003—2012年京津石三市空气污染特征及趋势对比[J].环境工程,2014(12).

[22]廖春华,刘甜甜,林海,等.长沙近57年气温变化特征分析[J].气象与环境科学,2008(11).

[23]刘滨谊.人聚环境资源评价普查理论与技术研究方法论[J].城市规划汇刊,1997,108(2).

[24]刘红艳,曾忠平.弹性城市评价指标体系构建及其实证研究[J].电子政务,2014,3(135).

[25]刘丽霞,凌肖露,郭维栋.长三角城市群区空气污染对气象要素及地表能量平衡的影响研究[J].南京大学学报(自然科学),2014,50(6).

[26]刘生龙,胡鞍钢.基础设施的外部性在中国的检验:1988—2007[J].经济研究,2010,(3).

[27]龙花楼.论土地利用转型与土地资源管理[J].地理研究,2015,34(09).

[28]陆虹.中国环境问题与经济发展的关系分析——以空气污染为例[J].财经研究,2000,26(10).

[29]马丽梅,张晓.区域空气污染空间效应及产业结构影响[J].中国人口、资源与环境,2014,24(7).

[30]那向谦.再论人聚环境的科学研究[J].建筑学报,1996,330(2).

[31]年福华,姚士谋.信息化与城市空间发展趋势[J].世界地理研究,2002,(1).

[32]宁小莉,王英楠.人居环境中城市基础设施建设评价——以包头市为例[J].开发研究,2013(6).

[33]欧阳虹彬,叶强.弹性城市理论演化述评:概念、脉络与趋势[J].规划研

究,2016,40(3).

[34]祁新华,等. 国外人居环境研究回顾与展望[J]. 世界地理研究,2007,16 (2).

[35]盛科荣,王海. 城市规划的弹性工作方法研究[J]. 重庆建筑大学学报, 2006,28.

[36]施国洪,朱敏. 系统动力学方法在环境经济学中的应用[J]. 系统工程理论与实践,2001(12).

[37]孙志芬,王永平. 呼和浩特市城市人居环境质量评价分析[J]. 干旱区资源与环境,2007,21(4).

[38]谭志雄,陈德敏. 中国低碳城市发展模式与行动策略[J]. 中国人口·资源与环境,2011,21(9).

[39]谭子芳. 长沙市城市生态环境质量现状评价[J]. 环境卫生工程,2005,13 (2).

[40]汤礼莎,李静芝. 特色产业集群的研究与探讨——以湖南醴陵市陶瓷产业集群为例[J]. 产业与科技论坛,2009,8(11).

[41]汤礼莎,张明辉,李静芝. 县级旅游资源分区的开发研究[J]. 内蒙古农业大学学报(社会科学版),2008.5(10).

[42]王景春. 生活中最适宜的温度[J]. 北京物价,1998(7).

[43]王婧,方创琳. 城市建设用地增长研究进展与展望[J]. 地理科学进展, 2011,30(11).

[44]王庆新,赵伟,赵光影. 哈尔滨市环境空气质量变化及影响因素分析研究[J]. 环境科学与管理,2014,39(5).

[45]王晓云,汪光焘,苗世光,郭文利,季崇萍. 宜居城市:北京气象环境分析[J]. 北京规划建设,2006(02).

[46]王园园. 基于模糊综合评判的城市社区尺度人居环境研究:以济南市五区为例[J]. 聊城大学学报(自然科学版),2006,19(4).

[47]吴良镛. "人居二"与人居环境科学[J]. 城市规划,1997(03).

[48]谢让志.中国城市住区环境质量综合评估及其可持续发展研究[J].城市,1997(03).

[49]谢石营,李郇.低碳城市发展行动框架研究[J].城市发展研究,2011,18(6).

[50]徐琴.可持续发展观与优质人居环境的建设[J].学海,2002(6).

[51]杨贵庆.大城市周边地区小城镇人居环境的可持续发展[J].城市规划汇刊,1997,108(2).

[52]杨贵庆.提高社区环境品质.加强居民定居意识——对上海大都市人居环境可持续发展的探索[J].城市规划汇刊,1997,110(4).

[53]杨勤业,张军涛,李春晖.可持续发展代际公平的初步研究[J].地理研究,2000,19,(2).

[54]袁峰,李引,吴鸿.面向智慧城市的物联网共享平台建设[J].城市观察,2016,(6).

[55]张继娟,魏世强.我国城市空气污染现状与特点[J].四川环境,2006,25(3).

[56]张建武.长沙市综合交通发展战略初探[J].区域交通,2006(10).

[57]张剑飞.长沙历史文化特色与宜居城市研究[J].中国名城,2009(10).

[58]张卷舒,金虹.人居声环境质量及改善措施[J].哈尔滨师范大学自然科学学报,2006,22(4).

[59]张俊军,徐学强,魏清泉.国外城市可持续发展研究[J].地理研究,1996,15(2).

[60]张雷,黄园淅.中国现代城镇化发育的能源消费[J].中国人口·资源与环境,2010,20(1).

[61]张力菠,方志耕.系统动力学及其应用研究中的几个问题[J].南京航空航天大学学报(社会科学版),2008,10(3).

[62]张林洪,刘荣佩.水库与人居环境[J].昆明理工大学学报,2002,27(5).

[63]张仁开.长沙市城市人居环境现状评价[J].城市问题,2004(2).

[64]张小刚,赵洁.长株潭"两型社会"建设中资源承载力和环境容量分析 [J].特区经济,2009(6).

[65]张晓东,池天河.90 年代中国省级区域经济与环境协调度分析 [J].地 理研究,2001,20(4).

[66]张雪花,郭怀成,张宝安.系统动力学——多目标规划整合模型在秦皇岛 市水资源规划中的应用[J].水科学进展,2002,13(3).

[67]赵克明等.峡口城市乌鲁木齐冬季空气污染的时空分布特征[J].干旱区 地理,2014,37(6).

[68]甄峰,顾朝林.信息时代空间结构研究新进展[J].地理研究.2002,21 (2).

[69]钟永光,钱颖,于庆东,杜文泉.系统动力学在国内外的发展历程与未来 发展方向[J].河南科技大学学报,2006,8(4).

[70]周国华,贺艳华,唐承丽,等.论新时期农村聚居模式研究[J].地理科学 进展,2010,29(2).

[71]周庆年.打造绿色星城建设生态长沙[J].湖南林业,2010(1).

[72]周一星.城市发展战略要有阶段论观点[J].地理学报,1984,39(4).

[73]朱可裙,徐建华.城市空气污染的风险认知研究评述与展望[J].北京大 学学报(自然科学版),2014,50(5).

[74]朱锡金.21 世纪人类生态住区规划述要[J].城市规划汇刊,1994,93 (5).

[75]朱锡金.居住园区构成说[J].城市规划汇刊,1997,108(2)8.

[76]朱锡金.面向新世纪的居住区规划问题[J].城市规划汇刊,1994,90(2).

[77]朱翔.我国城市边缘区可持续发展研究[J].城市规划汇刊,1998,(6).

(三)论文类

[1]陈萍萍.上海城市功能提升与城市更新[D].上海:华东师范大学,2006.

[2]成文利.城市人居环境可持续发展理论与评价研究[D].武汉:武汉理工

大学,2003.

[3]杜凤姣. 2002—2011 年我国医疗卫生资源配置的公平性分析[D].上海：华东师范大学,2014.

[4]郭丽.长沙市城市化与城市森林生态系统耦合研究[D].长沙：中南林业科技大学,2010.

[5]胡伏湘.长沙市宜居城市建设与城市生态系统耦合研究[D].长沙：中南林业科技大学,2012.

[6]李静芝.洞庭湖区城镇化进程中的水资源优化利用研究[D].长沙：湖南师范大学,2013.

[7]宋涛.弹性城市建设目标下的中国城市新陈代谢特征、机制及其优化研究[D].北京：中国科学院大学,2014.

[8]汤礼莎.沅江市主导产业的选择及产业空间布局研究[D].长沙：湖南师范大学,2009.

[9]唐如辉.人居环境宜居性评价[D].长沙：湖南师范大学,2010.

[10]魏江苑.生态群落对乡村人居环境建设的启示[D].西安：西安建筑科技大学,2003.

[11]谢谦.基于疫水人水相互作用机理的洞庭湖区血吸虫病防控研究[D].长沙：湖南师范大学,2016.

[12]许晖.细分网格在弹性城市设计中的应用[D].北京：清华大学,2011.

[13]许旭.产业发展的资源环境效率演化及机制研究[D].北京：中国科学院地理科学与资源研究所,2011.

[14]杨文斌.基于系统动力学的企业成长研究[D].上海：复旦大学2006.

[15]邹容.长沙市城市质量与可持续发展评价研究[D].长沙：湖南农业大学,2009.

二、英文类
(一)著作类

[1]ASAMI Y. Residential Environment：Method and Theory for Evaluation [M]. University of Tokyo Press,2001.

[2] CHEN,Y G. Mathematical Methods of Geography [M]. Beijing：Science Press,2013.

[3]GEDDES P. Cities in Evolution：An Introduce to the Town Planning Movement and the Study of Civicism [M]. New York：Howard Ferug,1915.

[4] GOTOH S. Japan's Changing Environmental Policy,Government Initiatives, and Industry Responses,The Industrial Green Game [M]. Washington,D. C.：National Academy Press,1997.

[5]HOWARD E. Garden Cities of Tomorrow[M]. London：Faber and Faber, 1902.

[6]HOWARD E. Tomorrow：A Peaceful Path to Real Reform[M]. Cambridge：Cambridge University Press,1898.

[7]MCHARG I L. Design with Nature[M]. New York：Natural History Press, 1969.

[8]NORTHAM R. M. ,Urban Geography [M]. New York：John Wiley & Sons, 1975.

[9] REGISTER R. Eco-city Berkeley [M]. Berkeley：North Atlantic Books, 1987.

[10] ROBERT P. M,The Background of Ecology：Concept and Theory [M]. Cambridge：Cambridge University Press,1985.

[11]RUTH M,CLEVELAND C. Modeling the Dynamics of Resource Depletion, Substitution,Recycling and Technical Change in Extractive Industries,Ecological Economics [M]. Washington,D. C：Island Press,1996.

[12] RUTH M,HANNON B. Modeling Dynamic Economic Systems [M]. New

York：Springer，2012.

［13］XU J. Mathematical Methods in Contemporary Geography (2nd) ［M］. Bei-
jing：Higher Education Press，2004.

［14］YANITSKY O. Social Problems of Man's Environment：The City and Ecology
［M］. Moscow：Nauka，1987.

［15］ZEEMAN E C. Catastrophe Theory ［M］. New Jersey：Addison Wesley Edu-
cational Publishers，1977.

［16］ZEITHER L C. The Ecology of Architecture ［M］. New York：Whitney Li-
brary Design，1996.

（二）期刊类

［1］ADGER W N. Social and ecological resilience：Are they related［J］. Progress
in Human Geography，2000，24(3).

［2］ALBERTI M，MARZLUFF J M. Ecological resilience in urban ecosystems：
Linking urban patterns to human and ecological functions［J］. Urban Ecosys-
tems，2004(7).

［3］ALBERTI M，MARZLUFF J，SHULENBERGER E，et al. Integrating humans
into ecosystems：Opportunities and challenges for urban ecology［J］. BioSci-
ence，2003，53(4).

［4］ALLENBY B，FINK J. Towardsinherently secure and resilient societies［J］.
Science，2005，309(8)：1034 – 1036.

［5］ANDERSSON E，BARTHEL S，AHRNE K. Measuringsocial-ecological dynam-
ics behind the generation of ecosystem services［J］. Ecological Applications，
2007，17(5).

［6］BERKES F. Understanding uncertainty and reducing vulnerability：Lessons
from resilience thinking［J］. Nat Hazards，2007，41(4).

［7］CAMPBELL A，CONVERSE P E，Rodgers W L. The quality of American life：
Perceptions，evaluations，and satisfactions［J］. Contemporary Sociology，1977，

6(4).

[8] CARL A. Our cities and the city: incompatible classics? [J]. Planning Perspectives, 2012(1).

[9] CHATTERJEE M. Slum dwellers response to flooding events in the megacities of India [J]. Mitigation and Adaptation Strategies for Global Change, 2010, 15 (7).

[10] COLDING J. Ecological land-use complementation for building resilience in urban ecosystems [J]. Landscape and Urban Planning, 2007, 81(1-2).

[11] ERNSTSON H, et al. Urban transitions: Onurban resilience and human-dominated ecosystems [J]. AMBIO, 2010, 39(4).

[12] FORRESTER J W. System dynamics, systems thinking, and soft OR [J]. System Dynamic Review, 1994, 10(2-3).

[13] GREBER K J, SHELTON G G. Assessment of neighborhood satisfaction by residents of three housing types [J]. Social Indication Research, 1987, 19 (3).

[14] GROSSMAN G M, KUREGER A M. Economic growth and the environment [J]. NBER Working Paper, 1994, 110(2).

[15] HAN Z, LIU T. Analysis of the characteristics and spatial differences of urbanization quality of cities at prefecture level and above in China. [J]. Geographical Research, 2009, 28 (6).

[16] HOLLING C S. Resilience and stability of ecological systems [J]. Annual Review of Ecology and Systematics, 1973(4).

[17] JACKAL U. The control of waste materials in germany [J]. In Managing a Material world, 1998.

[18] JAMES D H, Jonathan P S. Resilient ecological solutions for urban regeneration. [J]. Engineering Sustainability, 2012.

[19] JUSTUS, K. Climate change risk responses in East African cities: need, bar-

riers and opportunities[J]. Current Opinion in Environmental Sustainability, 2011,3.

[20]KLEIN R J T,NICHOLLS R J,Tomalla F. Resilience to natural hazards: How useful is this concept? [J] Environmental Hazards,2003,5(1 – 2).

[21]KRAJNC D,GLAVI P. A model for integrated assessment of sustainable development[J]. Resources Conservation & Recycling,2005,43(2).

[22]MARTIN R,SANELY P. Complexity thinking and evolutionary economic geography [J]. Journal of Economic Geography,2007,7.

[23]MCDANIEL T. Fostering resilience to extreme events within infrastructure systems: Characterizing decision contexts for mitigation and adaptation [J]. Global Environmental Change,2008,18(7):.

[24]Michael,L. F. Review of urban sustainability indicators assessment—Case study between Asian countries [J]. Habitat International,2014.

[25]MILLER F. Resilience and vulnerability: Complementary or conflicting concepts [J]. Ecology and Society,2010,15(3).

[26]MUMFORD L,DOWNEY G. The city in history: Its origins,its transformations,and its Prospects[J]. Classical World,1961,55(1).

[27]PICKETT S T A,CADENASSO M L,GROVE J M,et al. Urban ecological systems: Linking terrestrial ecological,physical,and socioeconomic components of metropolitan areas [J]. Annual Review of Ecology and Systematics, 2001,32(5).

[28]ROARKE D,JOHN M. Relative importance of habitat quantity,structure,and spatial pattern to birds in urbanizing environments [J]. Urban Ecosystems, 2006(9).

[29]ROBIN L. Climate change and urban resilience [J]. Current Opinion in Environmental Sustainability,2011(3).

[30]RODRICK W,WALLACE D,AHERN J,et al. A failure of resilience: Esti-

mating response of New York City's public health ecosystem to sudden disaster [J]. Health & Place,2007,13(4).

[31] ROSE A. Defining and measuring economic resilience to disasters [J]. Disaster Prevention and Management,2004,13(5).

[32] RUTH M,FRANKLIN R S. Livability for all? Conceptual limits and practical implications [J]. Applied Geography,2014,49.

[33] SAEED K,BROOKE K. Contract design for profitability in macro - engineering projects[J]. System Dynamics Review,1996,12(3).

[34] TANG L,RUTH M,HE Q,et al. Comprehensive evaluation of trends in human settlements quality changes and spatial differentiation characteristics of 35 Chinese major cities[J]. Habitat International,2017,70.

[35] TURNER B. L. Vulnerability and resilience: Coalescing or paralleling approaches for sustainability science [J]. Global Environmental Change,2010, 20(3).

[36] WILBANKS T,SATHAYE J. Integrating mitigation and adaptation as responses to climate change: A synthesis [J]. Mitigation and Adaptation Strategies for Global Change,2007,12(5).

[37] WOLFE R I,DOXIADIS C A. Ekistics: Anintroduction to the Science of human settlements[J]. Geographical Review,1970,60(1).

[38] ZHOU H J,WANG J A,WAN J H,et al. Resilience to natural hazards: A geographic perspective[J]. Natural Hazards,2010,53(1).